"十二五"国家重点图书出版规划项目

教育心理研究新进展丛书

元认知发展与教学

学习中的自我监控与调节

张雅明 著

时代出版传媒股份有限公司
安徽教育出版社

图书在版编目（CIP）数据

元认知发展与教学：学习中的自我监控与调节／张雅明著.—合肥：安徽教育出版社，2012.5（2022.5重印）
（教育心理研究新进展丛书）
ISBN 978-7-5336-6695-8

Ⅰ.①元… Ⅱ.①张… Ⅲ.①认知科学－研究②教育心理学－研究 Ⅳ.①B842.1 ②G44

中国版本图书馆CIP数据核字（2012）第077983号

元认知发展与教学：学习中的自我监控与调节
YUANRENZHI FAZHAN YU JIAOXUE：
XUEXI ZHONG DE ZIWO JIANKONG YU TIAOJIE

出 版 人：费世平
责任编辑：周　佳
装帧设计：吴亢宗
责任印制：陈善军

出版发行：安徽教育出版社
地　　址：合肥市经开区繁华大道西路398号　邮编：230601
网　　址：http://www.ahep.com.cn
营销电话：(0551)63683012,63683013
排　　版：安徽时代华印出版服务有限责任公司
印　　刷：安徽新华印刷股份有限公司

开　　本：787mm×1092mm　1/16
印　　张：14.75
字　　数：178千字
版　　次：2012年5月第1版　2022年5月第2次印刷
定　　价：38.00元

（如发现印装质量问题，影响阅读，请与本社营销部联系调换）

目 录

第一章　元认知概述 /1
第一节　元认知概念界说 /1
第二节　元认知的理论体系 /8
第三节　元认知研究的价值和意义 /18

第二章　元认知评定方法与测量工具 /20
第一节　元认知评定方法概述 /20
第二节　《儿童元认知问卷》的编制与修订 /25

第三章　元认知视角下的学习不良研究 /37
第一节　学习不良的界定与研究现状 /37
第二节　学习不良儿童元认知发展的问题与缺陷 /45

第四章　儿童元认知静态成分的发展与比较研究 /54
第一节　小学高年级儿童元认知发展一般特点研究 /54
第二节　三类儿童元认知发展水平比较研究 /61
第三节　学习不良儿童策略信念与理解水平发展研究 /74
第四节　学习不良儿童元认知静态成分发展规律 /84

第五章　儿童元认知动态成分的发展与比较研究 /87
第一节　学习不良儿童与普通儿童元记忆监测与控制的比较 /88

第二节 学习不良儿童与普通儿童元记忆监控与时间分配策略使用的比较 /100

第六章 元认知静态成分的教学与促进 /114

第一节 有关个体和任务方面知识的教学 /114

第二节 有关策略的知识的教学 /122

第三节 有关动机、信念方面知识的教学 131

第七章 教学情境中的元认知训练及效果研究 /140

第一节 元认知训练与教学概说 /140

第二节 通用型元认知训练对小学高年级学生学业成就的影响 /149

第三节 学科型元认知训练对初中数学学困生应用题解题效果的促进 /157

第四节 元认知资源开发对学生实践智力的促进与提升研究 /172

参考文献 /182

附录 /196

后记 /233

第一章 元认知概述

20世纪70年代初,在发展心理学研究领域一个新的概念——元认知被研究者提出,此后几十年来,在发展心理学、教育心理学研究领域元认知迅速成为一个出现频率极高的概念。与此同时,人们还提出一系列元认知理论,试图借此对人类认知与学习过程做出更为深入的探讨和解释。那么,元认知是指什么?它与认知过程有什么样的关联?人们在元认知构成成分上有哪些不同认知?提出了哪些不同的理论解释?元认知为何成为一个持久的研究热点?本章试图对以上问题给出一个基本回答。

第一节 元认知概念界说

作为一名教师或家长,可能会遇到这样的一些学生或孩子:上完课后你问他们:学会了吗?老师讲的内容都理解了吗?他们非常自信地告诉你:学会了,听明白了。而你在教授这节课或讲述某个问题时,也确切感知到他们的关注和投入,他们在动脑筋而不是应付或走神。但随后的考试或练习,这些学生和孩子的表现却又非常令人失望,这怎么能叫学会了呢?怎么能叫听懂了呢?回答上述问题时他们在撒谎吗?没有。这其中就涉及一个和认知过程不同的过程——元认知监控的问题。研究和经验都告诉我们,智力和认知水平接近的学生并不一定具有同样接近的元认知水平。元认知到底是怎么一回事?除了元认知监控,它还包括哪些元素或成分?

一、弗拉维尔对元认知概念的界定

元认知(metacognition)的概念起源于对"记忆的记忆"之研究,由弗拉维尔(Flavell)最先提出。弗拉维尔认为,元认知一方面指个体关于自己的认知过程、结果以及任何相关事物的知识,另一方面则指个体对自己认知过程的主动监控、结果的调整以及对各个过程的协调(Flavell,1976,1981)。后来他又将元认知概括为"个体对自己认知状态和过程的意识和调节"(Flavell,1985)。可见,元认知是认知主体对自身心理状态、能力、任务目标、认知策略方面的认知,也是认知主体对自身各种认知活动的计划、监控和调节,因此其核心意义是对认知的认知,故称其为"元认知"。

弗拉维尔认为,元认知包含两个主要成分:即元认知知识(metacognitive knowledge)和元认知体验(metacognitive experience)。元认知知识是个体有关自己或他人的认知活动、过程、结果及相关的知识。元认知经验是认知主体随着认知活动的展开而产生的理性和感性的综合体验与感受。弗拉维尔认为,有很多元认知体验是关于自己在当前认知活动中已取得的进展或即将取得的进展的体验。

Flavell 指出,元认知知识可分为人的变量(person variables)、任务变量(task variables)和策略变量(strategy variables)三类知识。

人的变量指的是将人视为认知有机体时,个体所拥有的有关知识与信念(Flavell,1987)。它又可细分为个体内变量、个体间变量及整体变量三项。个体内变量针对个体对自己认知能力的了解而言,例如,某学生知道他在阅读理解上很强,但在运动技能上较差;个体间变量指的是个体对人与人之间认知能力的比较,例如,相信自己的数学计算能力比某同学好,而绘画能力比另一位同学差;整体变量指的是个体对人类认知操作共同特征的认识,例如人的短时记忆能力有限。

任务变量指个体对任务特点及相应的加工要求的认知,如对学习材料、任务性质、学习难度和目的的认识以及对学习不同材料需要使用的不同方法的认知。

策略变量指的是用以达成各种不同认知目标的策略或程序。它有别于一般的认知策略,认知策略是个体为了完成目标所使用的某种具体策略,而元认知策略则是用来监测认知策略的运用情况的,是更高层次的策略。

元认知经验是个体在认知与情感方面的体验。它主要指的是目前正在进行的并且用来指导认知活动的经验,有很多元认知体验是关于在某一认知活动中个体已取得的或将取得的进展的信息。元认知经验对既有的元认知知识有增加、删减、修改更正等作用。

二、布朗对元认知概念的二分法理解

布朗(Brown)认为元认知是指个人所具备的思考与参与学习活动的知识,并且懂得如何去控制。布朗及其他一些学者将元认知划分为两部分内容:认知的知识(knowledge of cognition)和认知的调节(regulation of cognition)。认知的知识是指个体对自身状况和认知对象的了解,以及对自己与环境互动关系的觉察；认知的调节指个体在解决问题的过程中所使用的调节机制，包括计划、监测、评估等内容。

认知的知识和认知的调节二者在性质上存在明显的区别：认知的知识是一种陈述性知识(declarative knowledge)，它是稳定的，可加以陈述的，但也可能是错的；认知的调节属于程序性知识，它具有不稳定、不一定可陈述、自动化等特性。

三、国内学者对元认知概念的三分法理解

国内学者(如董奇、陈英和等)多倾向于认为元认知由三个成分构成：元认知知识、元认知体验和元认知监控。

元认知知识主要是主体通过经验而积累起来的，关于认知活动的一般性知识，即对影响认知活动的因素、各因素之间的相互作用以及作用的结果等方面的认识。元认知知识一般储存在个体的长时记忆中，具有比较稳定的特点，它以意识化或非意识化的方式对认知活动施加影响。

元认知体验是主体在从事认知活动时所产生的认知和情感体验。它可能被主体清晰地意识到，也可能处于下意识状态；在内容上可简单，也可复杂，可以是对知的体验，也可以是对不知的体验；可以发生在认知活动开始之前，也可以发生在认知活动过程中或认知活动结束后。可见，与弗拉维尔相比，国内学者对元认知体验的理解更强调了情感成分。他们认为元认知体验直接影响着认知任务的完成情况，积极的元认知体验会激发主体的认知热情，调动主体的认知潜能，从而提高认知加工的速度和有效性。

元认知监控是指主体在进行认知活动的过程中，将自己正在进行的认知活动作为对象，不断地对其进行积极而自觉地监视、控制和调节的过程。

汪玲、郭德俊等人曾发表《元认知的本质与要素》一文,文章指出,元认知包含三个基本要素:元认知技能、元认知知识和元认知体验。其中,元认知技能是个体进行调节活动所必须具备的根本条件,元认知知识为调节提供基本的知识背景,元认知体验是调节得以进行的中介。基本元认知技能包括:计划、监测、调整。

元认知知识和元认知体验的内涵与前面的理解基本一致。文中特别强调了元认知体验的重要意义,认为元认知体验是元认知知识和认知调节之间、元认知活动与认知活动之间的重要的中介因素。该文指出:

"一方面,元认知体验可以激活相关的元认知知识,使长时记忆中的元认知知识与当前的调节活动产生联系。元认知知识虽然为调节活动提供了重要的基础,但它只是为调节提供了一种可能性,它本身并不能保证调节活动的进行。静态的元认知知识如何与动态的调节过程衔接起来呢?我们认为,在这个过程中,元认知体验起着关键的作用,它是连接动静的中介,沟通两者的桥梁。

"元认知知识是个体的长时记忆中贮存的一些陈述性、程序性及条件性知识。根据记忆的有关理论,长时记忆中的知识并不能直接对个体当前的认知活动产生影响,只有当它被激活而回到短时记忆也就是工作记忆中时,才能为个体所利用。元认知体验正是在激活相关的元认知知识的过程中起着关键的作用。这种对当前认知活动有关情况的觉察或感受会激活记忆库中有关的元认知知识,将它们从'沉睡'的状态中'唤醒',出现在个体的工作记忆之中,从而能够被个体用来为调节活动提供指导。

"另一方面,元认知体验可以为调节活动提供必需的信息,如果没有关于当前认知活动的体验,元认知活动与认知活动之间就处于脱节的状态,无法衔接起来。调节总是基于体验所提供的关于认知活动的信息而进行的,只有清楚地意识到当前认知活动中的种种变化,才能使调节过程有方向、有针对性地进行下去。"

由上可见,元认知概念被引进国内之后,在吸收、接纳西方学者观点的同时,国内学者也在不断地反思元认知概念的内涵,做出自己的深入思考。

四、本书中对元认知概念的综合理解

元认知被认为是一个外延较为模糊的概念(Borkowski, 1992; Brown, 1987; Campione, Brown & Connell, 1988)。究竟元认知应包括哪些成分,各成分之间的相互关系怎样,不同的学者有不同的认识,分别构建出了自己的概念和理论体系。

在综合不同研究者认识、思考的基础上,在此,我们提出一个整合的体系,主张从两类成分和三个层面上把握元认知的内涵。

首先,元认知包括两类成分:一是静态成分,具体又分为知识成分和动机、信念成分。前者包括有关人、任务和策略方面的知识,或从另外一个角度理解,包括陈述性知识、条件性知识和程序性知识。后者包括自我效能、归因、信念等内容;另一类是动态成分,主要包括元认知监测和控制。这两类成分在个体身上是有机统一的,非彼此独立。静态成分是动态成分的累积,并因动态成分的活动而增长、修改和发生变化;动态成分的活动以静态成分为基础并受其制约。两类成分相辅相成。考察儿童的元认知水平应兼顾上述两类成分。

其次,从研究的角度来说,元认知问题的研究应涉及三个层面:第一,侧重将元认知看作一种静态知识体系进行研究,多使用问卷法;第二,侧重将元认知看作一种动态认知过程进行研究,多采用严格控制条件的实验室实验法;第三,侧重将元认知作为一种学习要素进行研究,多采用自然实验法。

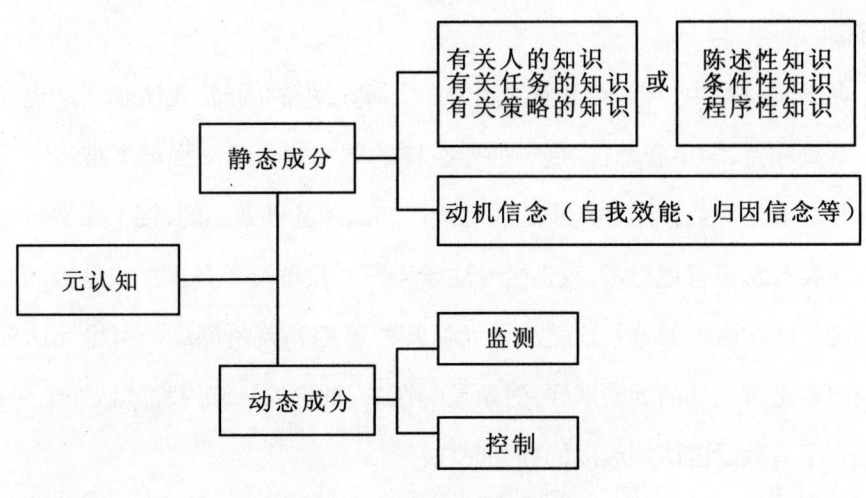

图 1-1 对元认知的综合理解

本书即根据以上对元认知的综合认识而展开,在实证研究的基础上对元认知不同侧面的问题展开深入的探讨。

五、元认知和认知的区别

回到本节开始的例子,我们来谈一谈元认知与认知的区别。对于"认知"的概念,大家都比较熟悉,学生学习中感知、注意、记忆、思考等活动都属于认知活动。科学地界定一下,认知活动是指人们获得知识,应用或加工知识的过程,是指人认识外界事物的过程,即对作用于人的感觉器官的外界事物进行信息加工的过程。它是人最基本的心理过程,包括感觉、知觉、记忆、想象、思维和语言等。现代认知心理学将认知活动看成一个由信息的获得、编码、贮存、提取和使用等一系列连续的认知操作阶段组成的按一定程序进行信息加工的系统。由此可见,认知活动的对象是外在的、具体的事物,如学习一个数学公式或历史事件。认知活动的内容是对认知对象进行某种智力操作,如数字的计算、事件的记忆等。认知活动的意义在于使主体拓展知识、扩充经验,由不知到知,不懂到懂。

在学习过程中,在学生积极展开认知活动过程的同时,元认知活动也在发生。看到题目,学生会想:这是一道什么样的题?对于我来说难不难?学习的目标和要求是什么?这些判断是以元认知知识为基础做出的,接下来学习过程中可能会有意无意地思考,我是否专注于学习?我理解了多少?我是否需要花更多的时间在这一部分?这就涉及元认知的监控和判断问题。可见元认知活动的内容是对认知活动的展开,对象是内在的、抽象的认知过程或认知结果,目的是为了有效促进认知活动的顺利完成。

一个重要的问题是,认知能力和水平与元认知能力和水平是否是分离的,这是开展元认知研究的前提。斯万森(Swanson)用实验证明了元认知与代表认知能力和水平的一般能力倾向的独立性。他根据测试把被试分为四组:高元认知-高能力倾向组(一组)、高元认知-低能力倾向组(二组)、低元认知-高能力倾向组(三组)、低元认知-低能力倾向组(四组),对四组被试解决问题的成绩进行比较,发现:无论一般能力倾向的高低,高元认知组的解题成绩都优于低元认知组;二组成绩低于四组成绩。由此可见,元认知可以弥补一般能力倾向的不足,它是作为与一般能力倾向相独立的一种因素起作用的。

第二节 元认知的理论体系

元认知的概念提出后,这一领域的研究不断深入,与此同时研究者们也在深入探讨元认知内在成分及其相互关系,元认知与认知活动的关系、元认知与学习和解决问题效果的关系,形成了不同的认识和理解,在此我们称之为不同的理论体系,分别加以介绍和阐述。

一、弗拉维尔的体系

弗拉维尔在最早提出元认知概念的两个成分——元认知知识和元认知体验的同时,也在思考元认知活动和认知活动之间的相互关系。他认为元认知知识、元认知经验、认知目标、认知活动是相互作用、相互联系的,元认知知识促进个体对认知目标的理解,元认知经验则直接调节认知活动,元认知知识和元认知经验相互促进,构成元认知活动;认知活动和认知目标密不可分,表现于认知活动。四个元素相互作用模式如下图所示:

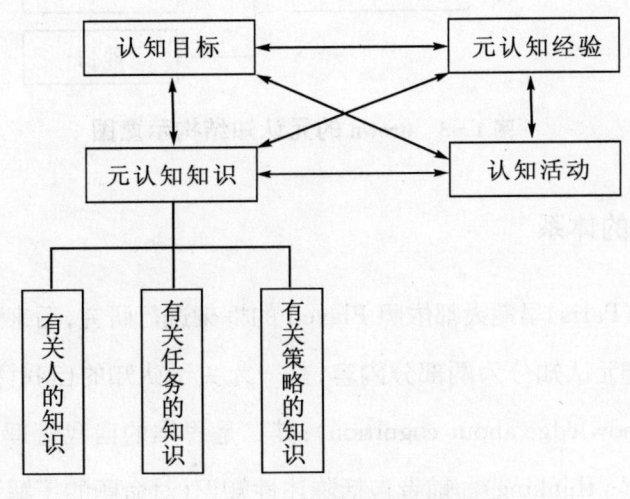

图 1-2　Flavell 的认知监测模式

二、布朗的体系

布朗的贡献在于对元认知内部要素做出了细致、明确的划分,因而在西方元认知研究领域占有重要地位。元认知首先被划分为"认知的知识"和"认知的调节"两大部分,接下来认知的知识又被划分为:个体认知资源的知识、个体与任务和环境之间关系的知识两大类;认知的调节则被明确划分为计划、监控、评估三个成分。布朗有关元认知的框架体系如下图所示:

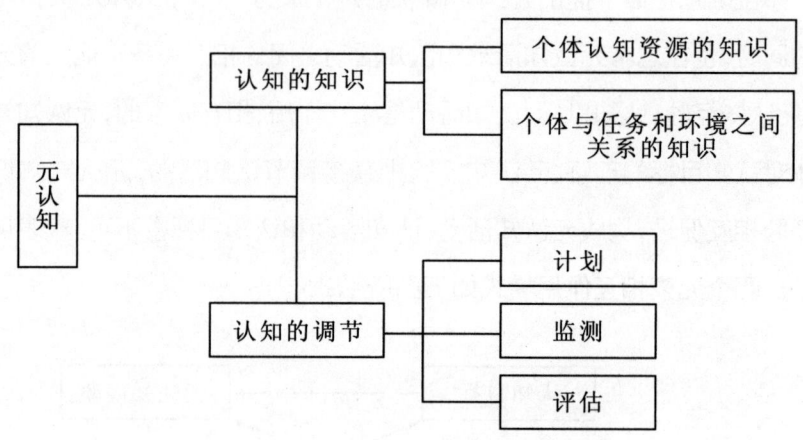

图1-3 Brown 的元认知结构示意图

三、帕瑞斯的体系

帕瑞斯(Paris)早期大都依照 Flavell 的框架进行研究,后来逐渐发展起自己的观点,把元认知分为两部分内容,其一为关于认知的自我评定知识(self-appraised knowledge about cognition);其二是思维的自我管理(self-management of one's thinking)。前者包括陈述性知识(对命题的了解)、程序性知识(如何操作与应用技巧)、条件性知识(知道何时和为什么使用策略)三类;后者包括计划、监测与评估(Paris & Winograd,1990;Cross & Paris,1988;Paris,Cross,& Lipson,1984)。尽管使用了不同的称谓,Paris 的体系与 Brown 的体系有很大的相似性,其基本结构如图1-4所示:

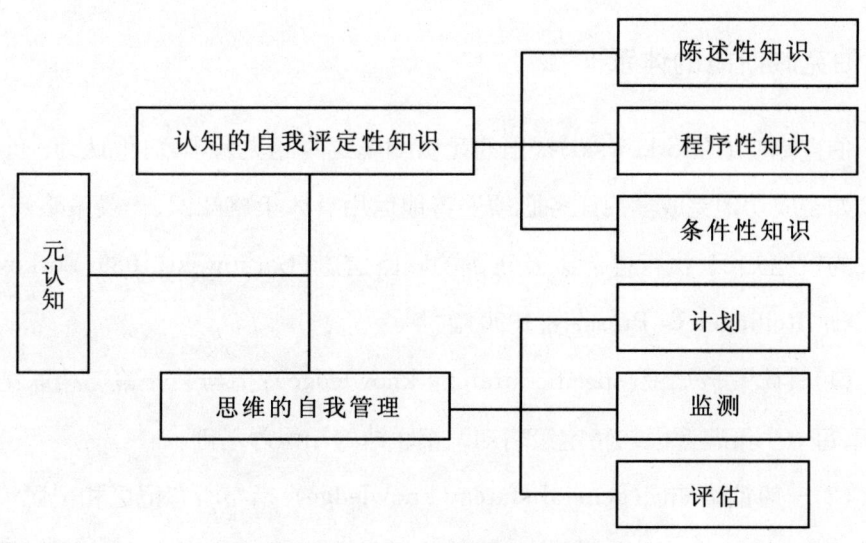

图 1-4　Paris 的元认知结构示意图

帕瑞斯关于元认知的理解有两点重要价值：其一是突出强调了自我，以往的元认知知识和调节都被赋予了与自我相关的称谓。毫无疑问元认知是和自我密切相关、密不可分的概念，元认知就是一种主体反省式的认知。第二，依据现代认知心理学对知识的划分，将元认知知识进行了区分。应当说这是一种新尝试，摆脱以往从内容上的划分，注重从知识的性质和本质上进行区分。在此，有必要简单介绍一下现代认知心理学对知识的划分。陈述性知识是关于"是什么"的知识，如对事实、定义、规则和原理等的描述，如什么是记忆，记忆有哪些规律等方面的知识。程序性知识是关于"怎么做"的知识，如怎样防止遗忘、有效记忆策略的应用等。条件性知识用来确定何时、为何要使用陈述性知识和程序性知识，解决的是"什么时候，为什么"的问题，如这种策略什么时候使用，为什么有效这一类的知识。可见用这种对知识的划分来区分元认知知识是非常有价值的。尤其是关于策略的程序性知识和条件性知识，它们是容易被忽略的重要的元认知知识，只有明确其性质，才能通过培养训练，发挥其作用和功效。

四、伯克威斯凯的体系

伯克威斯凯(Borkowski)提出的元认知模式内涵更为丰富,他认为一个学习者如要成功地完成学习任务必须妥善地运用具体策略知识、一般策略知识、相关的策略知识、执行控制以及正确的归因信念(Borkowski,1989;Borkowski,Carr,Rellinger & Pressley,1990)。

(1)具体策略知识(specific strategy knowledge):指与某一策略相联结的知识,每一个策略都以与特定策略知识相联结的知识为基础。

(2)一般策略知识(general stategy knowledge):指与所有记忆和记忆策略有关的一组普通的原则。例如,使用策略需付出努力;策略应用得当可以促进学习等等。

(3)相关策略知识(relational strategy knowledge):指个体对于策略之间的异同及特色做比较,当作策略的选择与修正的依据。

(4)执行过程(executive processes):指对认知活动历程的执行,其中以策略的选择、认知的监测最重要。

(5)策略应用(strategy use):指运用特定策略知识与一般策略知识以完成任务。

(6)归因信念、动机和自尊感(attribution belief,motivation,self-esteem):归因信念是个体对学习成效的解释,动机与自己预设的抱负水平有关,自尊感是个体对自身价值的评价。

其早期提出的元认知模型如图1-5所示:

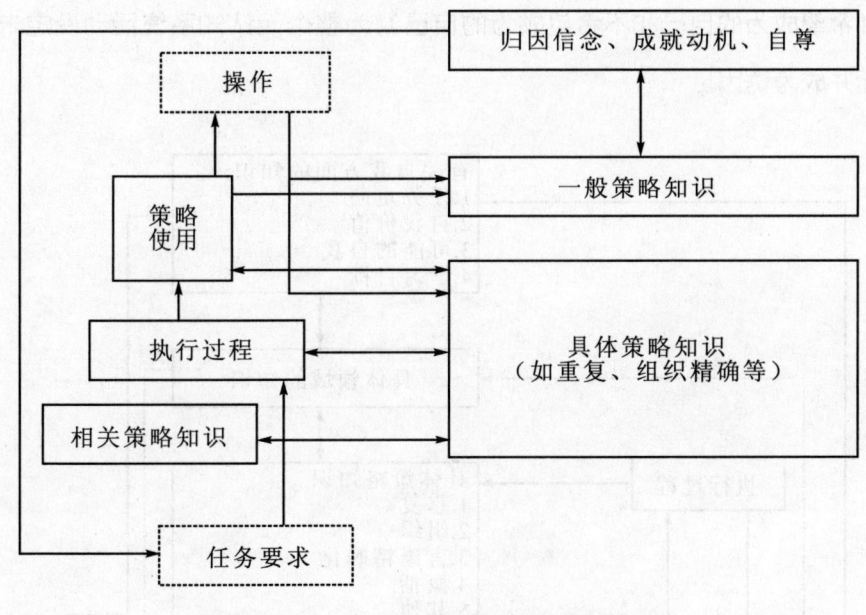

图1-5 Borkowski(1989)的元认知模型

1996年,伯克威斯凯又对早期提出的模式加以调整,从发展的角度提出了元认知模型如图1-6所示:

模型中个体元认知系统经历了以下发展阶段而形成:首先,儿童学会使用某个具体策略,随着重复使用该策略,认识到该策略的特点(包括该策略的有效性、使用范围和适用任务)。第二,儿童学到其他策略并在多种背景下重复使用它们。具体策略知识的领域被扩大加深。儿童学会何时、何处、如何使用每个策略,区分出策略的相对价值。第三,儿童逐渐形成针对任务选择适当策略的能力,并通过监测自己的操作补充知识方面的不足,高层控制——执行过程出现。第四,策略和执行过程变得精细化,儿童开始认识策略使用的通用性和意义,形成有关自我效能感方面的信念(如将成功归因为努力加策略使用而非运气因素)。至此,元认知模型开始整合元认知活动和个体的动机信念。第五,有关世界的一般性知识以及具体领域知识不断积累。自我系统不断完善(如形成各种希望成为的自己和不希望成为的自己),为整个元认知系统活动设定未来目标并成为诱因。

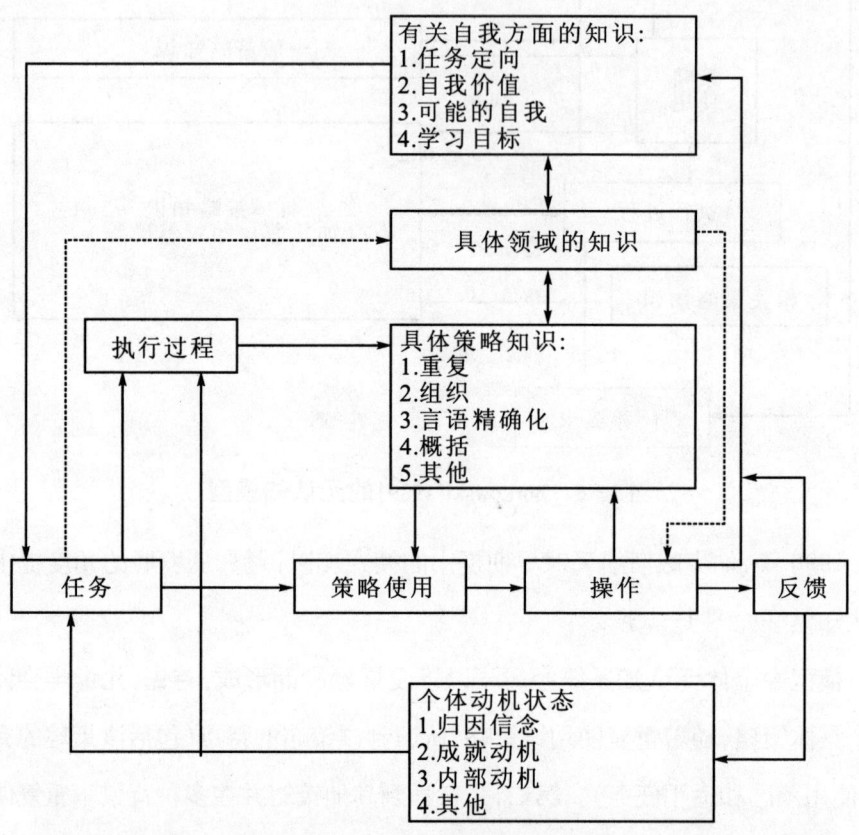

图1-6 元认知的认知、动机和自我系统(Borkowski,1996)

伯克威斯凯的模型有两个重要特点,一是反映出儿童元认知系统发展形成的过程和重要的影响因素;第二,将动机信念因素纳入元认知框架体系,丰富了元认知研究的内容。

五、奈尔森等认知心理学家对元认知机制的研究

20世纪80年代以前,元认知研究的主要领域是元认知的发展过程。80年代以后,经认知心理学家奈尔森(Nelson)等人的努力,研究焦点转向成人的元认知过程研究,最初研究的是元认知判断的准确性问题(Nelson,1988)。当今,更多的研究者转向研究元认知控制问题,即人们如何运用元认知判断去调节行为、使用策略、提高学习效果(Dunlosky & Hertzog,1998;Nelson,1994;Schwartz,2001;Son & Metcalfe 2000;Thiede & Dunlosky,1999)。

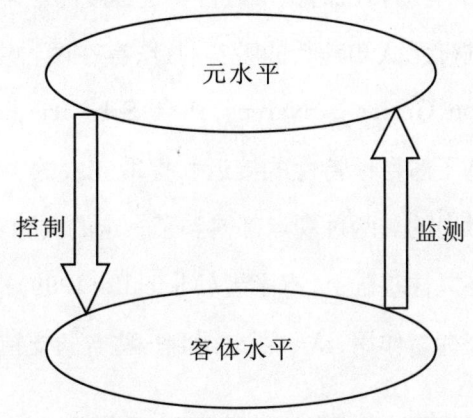

图1-7 学习中两种不同的、相互作用的元认知过程

大多数研究者认为元认知包括两个相互区别的过程:监测和控制。监测是指成功地判断个体自身认知过程的能力。控制指使用这些判断改变行为的能力。奈尔森等人提出一个加工模型,该模型包括两个相互关联的水平:元水平和客体水平。元水平动态评估当前情况,受内省的指导;客体水平包括个体的动作、行为和对当前情景外部状态的描述。在元认知监测中,元水平接收来自客体水平的关于当前状态的信息;在元认知控制过程中,元水平调节着客体水

平。监测发生在提取之前,可以在学习之前、之中或保留阶段起作用,它包括难度判断(easy of learning,简称 EOJ)、学习判断(judgment of learning,简称 JOL)、知晓感(feeling of knowing,简称 FOK)、信心判断(judgment of confidence,简称 JOC)等。知晓感也可以发生在提取阶段,信心判断可能会发生在提取之后;元认知控制在学习过程中调节着学习时间分配,并对策略的选择使用以及提取是继续搜寻还是放弃的决策起重要作用。

哈特(Hart,1965)最早研究了知晓感,安德森(Underwood,1966)最早研究了难度判断,库迪(Cuddy)最早研究了学习判断。这些先驱研究以及随后的许多研究都表明,人们拥有对自己的认知进行一定程度的准确评估的元认知监测能力。人们是如何进行元认知判断的呢?对此,存在两种主要的解释:直接提取说和推论说(Nelson,Gerler & Narens,1984;Schwartz,1994)。直接提取说认为元认知判断是基于对目标特性的接近和提取完成的。推论说则认为判断是基于相关线索而做出的。两种观点都得到了一定的实验支持,但都没能完全推翻对方的假设。在以往基础上,有学者(Metcalfe,1999)指出,可能两种机制在元认知判断中都发挥着作用,这一观点得到一些实验支持(Koriat,2001)。

六、国内学者提出的元认知要素及相互关系模型

汪玲、郭德俊等人认为,元认知技能、元认知知识、元认知体验是元认知活动的三大要素,通过三者的协同作用,个体得以实现对认知活动的调节。

首先,在认知活动中,调节活动是连续不断地进行的,个体反复运用有关的元认知技能对认知活动做出连续不断的调节。其次,在元认知知识、元认知体验和元认知技能三者中,两两之间都是一种双向的相互作用的关系,具体如图1-8所示:

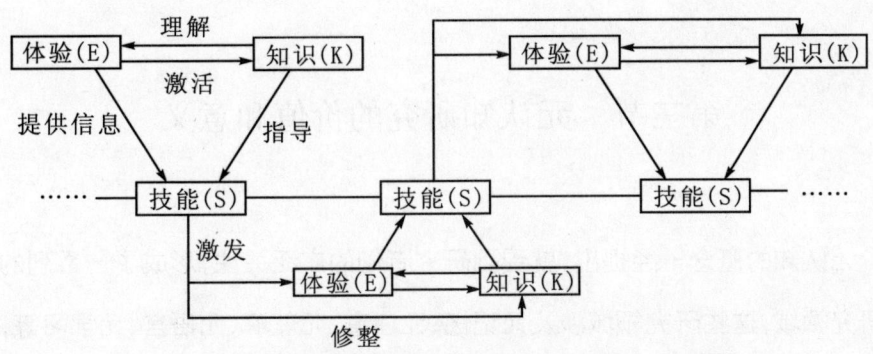

图1-8 元认知三个成分的关系示意图(引自汪玲、郭德俊)

上图中箭头 E→K、K→E 表明了元认知体验与元认知知识之间的关系,即元认知体验可以激活记忆中相关的元认知知识,使之从长时记忆回到工作记忆中,当前的元认知活动服务使元认知知识可以帮助个体理解元认知体验的含义。箭头 E→S、S→E 表明了元认知体验与元认知技能之间的关系,即元认知体验可以为元认知技能运用提供必需的信息,使调节亦即元认知技能的运用具有针对性,而调节能激发新的元认知体验,从而为下一步的调节做准备。箭头 K→S、S→K 表明了元认知知识与元认知技能之间的关系,即必要的元认知知识储备是进行调节的基础,它能为调节活动的进行提供指导,而调节能使个体积累新的关于认知活动的经验,从而对原有的元认知知识进行补充或修改。另外,由指向元认知技能的两个箭头 E→S、K→S 可知,个体运用元认知技能对认知活动进行调节需要具备两个辅助条件:一是关于当前认知活动的体验,二是相关的元认知知识。同理,从技能出发的两个箭头 S→E、S→K 则表明,调节动作对元认知知识和元认知体验均会产生影响,一方面它能激发新的元认知体验的产生,另一方面又有助于对原有的元认知知识做出修改、补充。

第三节 元认知研究的价值和意义

元认知的概念一经提出,就受到研究者们的广泛关注,形成了一系列的相关研究领域,这些研究领域涉及元记忆、元注意、元理解、元语言、元学习等,在儿童发展和教育心理学乃至认知心理学领域迅速形成一个新的研究热点,人们不禁会思考,那么元认知研究其价值和意义究竟何在呢?

一、拓展认知研究范围,有利于对心理现象的整体把握与理解

元认知活动与此前人们广泛关注的认知活动迥异,具有自身独立而特殊的内涵。从根本上讲,元认知是人的自我意识和自我监控中指向自身的高度自觉的、随意的认知活动的一个部分,是对认知活动的反思和反省。元认知的概念使人们充分认识到心理活动不但包括感知、注意、记忆、思维等认知活动,还包括对这些认知活动的意识、监督、控制和调节。正是这样两个水平——客体水平与元水平的不断相互作用,才构成复杂的心理活动。

正是元认知概念的提出,才把"反身认识"这样一个哲学命题落实到了心理学的可测量和开展实证科学研究的层面。一个概念的提出和得到研究者的共识,其意义是巨大的,常常意味着人的思维结果的质变和方法论的革新。元认知就是这样的一个概念,此后,儿童认知发展的研究、成人各种认知机制的研究都深受其影响。以记忆研究为例,研究者已深刻地认识到:要真正了解记忆过程,需要研究一个十分重要的方面,就是人类对自身记忆过程的认识及有关知识。

二、对学生学习活动的理解有深刻的影响

对于学习,长期以来研究者们从认知的角度出发把它看成一个由感知、注意、记忆、理解构成的认知过程,学习能力即为对应的认知能力,显然这一认识是不全面的。从元认知角度来看,学习过程并非简单地对所学材料的识别、加工和理解的认知过程,同时也是一个对该过程进行积极的监控、调节的元认知过程。因为认知过程的有效性很大程度上有赖于元认知过程,因此元认知能力是学习能力的重要组成部分。这样的认识更加符合学生学习的心理实际。

学习策略是促进学习的方式方法,元认知的提出使人们不仅关注直接对学习材料进行加工处理的认知策略,也开始关注元认知策略的重要作用,使人们对学习策略的研究更加丰富和完善。

三、具有丰富的教育实践意义

对学习的深刻认识与教育实践紧密相连。当今社会,在教育实践中人们更加注意学生学习能力的提升,提倡"为迁移而教",倡导"学会学习"的理念。但这些教育目标该如何实现?可以说元认知的训练和培养在其中起着关键性的作用。很多研究都证实,元认知训练可以提高学生的元认知水平,提高对认知活动的计划、监督和调整的能力,使学生在了解自我的基础上,学会"如何学习"。

不少研究结果表明,与同龄儿童相比,智力超常或学业成绩优秀的儿童常常具有高水平的元认知能力,而学业成绩落后的学生元认知水平往往较低。这些研究给我们一个重要的启示,元认知水平影响着学生的学业成就。而反过来,研究者们也在积极尝试,通过各种旨在提高元认知水平的训练来促进学业水平,这对于学业不良学生的干预可能是一个非常有效的途径。

第二章 元认知评定方法与测量工具

在了解了元认知概念的基本内涵和不同学者提出的各种理论体系之后,您可能会问,我们该如何评定和测量元认知?这确实是一个挑战性问题。回顾这一领域的研究,我们看到对元认知问题的研究主要存在两个基本范式,一是心理测量学的范式,即开发关于元认知的测验工具,努力提高测验的信度、效度;二是实验的范式,即通过特定的实验操作考察元认知及其与相关因素的关系。每种方法都各有利弊,其原因首先是对元认知本身的理解并不完全确定和一致,再有就是元认知与认知的边界很难清晰划分。尽管如此,对元认知评定方法和测量工具的基本了解还是非常必要的,因为这是开展元认知研究的首要问题。

第一节 元认知评定方法概述

前面曾谈到学生的学习能力既包括认知能力,也包括元认知能力。认知能力的测评人们自然会想到各种类型的智力测验,那么对学生的元认知能力又该如何去评定呢？为此，研究者们提出问卷调查、自我报告、出声思维、任务或作业评定、实验操控等多种测量方法，下面分别加以介绍。

一、问卷调查

问卷调查是研究元认知问题的常用方法，这种方法采用严格设计的问题，向研究对象搜集元认知方面的信息，对个体元认知水平进行测查和分析。这是一种简洁的元认知评定方法，它被用于大范围的测查、干预研究的筛选和评估、建立模型验证和发展理论等。目前国外使用较普遍的问卷有《元认知意识问卷》(MAI)、《儿童元认知意识问卷》(Jr. MAI)、《学习的动机性策略问卷》(MSLQ)、《学习与学习策略问卷》(LASSI)等，国内学者汪玲等人曾编制《元认知问卷》，董奇等曾编制《自我监控学习能力》问卷等。

问卷或量表的质量成为直接影响测量效果的关键性因素。元认知测量问卷的编制涉及两个重要的问题，一是问卷的理论依据，二是测验的测量学指标。

先看理论依据，测量工具都是依据一定的理论编制出来的，因为研究者对元认知的内涵和体系认识上并不一致，因而必然出现不同的问卷。以元认知为核心，内容上的不同侧重，也会形成不同的问卷。这也是元认知问卷多样化的一个重要原因。现以《状态元认知问卷》为例来做一介绍。

《状态元认知问卷》由奈欧(O'Neil)等人编制，其理论基础是首先把元认知区分为两类：状态元认知和特质元认知。状态元认知被定义为人们在智力情景下随强度变化和随时间变化的一种瞬间状态；特质元认知被定义为人对智力情景做出反应方面的相对稳定的个体差异变量。《状态元认知问卷》用来测量前者，测查时要求紧随一个"智力情景"，如在某次考试之后，根据刚刚结束的考试之中的状态进行回答。状态元认知又被进一步划分为四个方面：计划、监控、认知策略、自我意识,这样形成问卷的四个维度,经过修订状态元认知问卷包括20个题目,每个维度5个题目(计划:4、8、12、16、20;监控:2、6、10、14、18;认知策略:3、7、11、15、19;自我意识:1、5、9、13、17),采用从"从不会这样"到"总是这样"四级评定。该问卷题目见本书附录1。

再来看问卷的测量学指标,重要的指标有两个:一是信度,二是效度。信度反映问卷测量的稳定性和一致性程度,主要通过重测信度、分半信度、内部一致性系数等指标反映。效度则指测验的有效性,也就是说测验到底在多大程度上反映你想测量的特性,效度主要通过构想效度、效标效度等指标反映。只有通过修订,问卷的信、效度达到一定标准(一般至少大于0.7),才能作为元认知评定的有效工具进行使用。

二、自我报告法

自我报告法即提供某一任务,让被试报告他们在完成任务时的元认知活动。一种程序是让儿童完成任务,然后进行事后报告;另一种则不进行实际操作,而要求儿童设想自己在操作时的可能情况,并做出报告。口语报告分为有结构的口语报告和无结构的口语报告。有结构的口语报告给被试制定报告的问题、顺序和方向,让其按照特定的模式报告相关方面的心理活动;无结构的报告事先不给被试任何指示或框架,让他真实而自由地描述相关心理活动。

自我报告常辅助提问来完成。提问的方式也有两种:开放性问题和封闭性问题。封闭性问题计分比较简单,其基本形式为选择。开放性问题计分较复杂,有两种可行的方式:定性分析,如评价报告的流畅性如何、内容倾向等;量化计分,如计算被试所报告的不同策略的数量或它占所有可能的策略的总和的百分比等。量化计分也可以辅以定性分析,如以等级来标定被试报告的抽象性、普遍性、分化性等。

三、出声思维

出声思考源于内省法。内省法由冯特提出,即给被试一个明确的指示,让他报告自己头脑中的活动、形象或心理状态。认知心理学研究兴起后,内省法再度受到重视,发展成口语报告法或称"出声思考"。纽威尔和西蒙(Newell, Simon)在研究问题解决时,把它当成一种重要的方法加以应用,这种方法使研究者了解人类的内部思维活动成为可能。因为无声的内部言语活动无法观察记录,而经过训练,要求被试在思考的同时用言语报告思考的内容,研究者就可以加以记录和分析。

出声思考法要求被试在进行任务操作时,用语言表达自己所思所想的一切,研究者以此推断其元认知水平。如在一项研究中,研究者先将被试出声思考的内容按下列项目归类:回顾已有信息、策略单元、解决方案单元、促进性中介、妨碍性中介、沉默;然后对被试的六类言语进行 Markovian 链分析,观察被试整个任务过程中思考方式的一贯性,以此推断被试的元认知水平。

四、任务或作业评定

任务或作业评定是指给被试布置特定的任务或作业,要求其完成,根据完成的过程和效果,评定其元认知水平。如,要求被试解决某一问题,或对同伴进行指导;通过观察、分析被试的解题过程或对同伴的指导,来推断被试的元认知能力。

以元认知中关于记忆策略研究为例,研究者设计出了"生成策略法""词列发生法""散句组织法""回避作业难度法"等方法进行测量。

"生成策略法"源于克鲁斯勒(Kreutzer,1975)的研究。这种方法由6个项目组成,每个项目都包含一个假设的问题,要求他们提出更多的适当的解决策略。所有的6个问题都和记忆有关。例如其中一个问题是这样的:"假如明天放学以后,你将和同学去游泳,而且你很想记住应该带的游泳器具,那么,你怎样才不会忘记?"这种测量的基本假设是:如果儿童在解决问题时,报告了多种多样复杂的策略,就说明他充分意识到自己在学习、储存和提取信息时所有的原则,因而他的元认知能力就比较高。

"词列发生法"是指呈现给儿童一个线索词,要求他们再增加4个词,构成一个容易学习和记住的词列。这种测量旨在说明组织原则的作用,儿童在生发词列时使用的不同的组织原则,就表明了他们不同的元认知水平。

"散句组织法"是戴南(Darnar,1976)提出来的。他为儿童提供12个句子,它们放在一起构成了一段描写一种动物的散文片段,其中每4个句子表达一个主题或意思。以随机的顺序把12个句子打乱呈现给儿童,要求他们以更容易阅读和记忆的顺序重新排列组合这些句子,并要求他们解释排列的理由。评分包括:首先,看他们把四个句子中多少个这样的句子放在一起了;其次,看儿童提出的理由;第三,要求儿童选出三个主题句。这种测验旨在验证外部结构对提取信息的辅助作用。其假设是:能够运用外部结构帮助记忆的儿童,一定充分意识到这种结构的重要性,其元认知水平较高。

"回避作业难度法"最初由韦尔曼(Wellmen)提出。它要求儿童在词表之间做出判断,看哪一个是容易学会和记住的。共有10对词表,按其所包含的词的数量、内在联系和意义的不同,可分为三类,分别测量儿童对以下三条原则的了解程度:(1)数量:在其他情况相同时,较多词项的词表更难学。(2)内在联系:各词项有内在联系的词表比词项互不相关的词表易于学习。(3)意义性:有意义的词表比无意义的词表更容易记住。实际上，这项作业主要考察儿童对"组快"原则的掌握和使用情况，其假设是，能够做出正确判断的儿童，元认知水平较高。

五、实验操控

实验操控在此是指在实验室，通过严格的控制和严密的实验设计，考查元认知活动及其对认知活动的影响。以元记忆研究为例，常用的范式为：学习—判断—再认。实验材料多用各种性质的配对词，程序是在记忆任务（识记、保持、提取）之前、之中、之后加入元认知判断，然后通过这些判断与记忆效果的关联，考查元认知判断的准确性，衡量元记忆水平。

以上介绍了五种元认知的评定方法，它们各有利弊。在进行元认知研究时，我们主张最好能综合使用多种方法，这样相互补充，以便获得更全面、更准确的资料，这也是本书后文对元认知展开研究的基本思路。还要指出的是，随着认知神经科学的研究不断深入，对元认知的认知神经机制的研究也在展开，或许在将来在认知神经科学领域内能够发现新的元认知的测评手段。

第二节　《儿童元认知问卷》的编制与修订

自20世纪70年代"元认知"概念正式被提出以来，研究者们曾使用多种方法对个体的元认知进行测量，如：访谈法、出声思维记录法、监控调查表、效准技术、标准化成就测验、自评问卷、教师评定等等，这些方法各有优势和不足。问卷法是测查个体元认知的一种重要方法，具有统一、简洁、方便等特点，更重要的是通过问卷的编制、修订、测查还可以使指导问卷编制的理论构思得到验证、修正和发展。

一、编制《儿童元认知问卷》的目的和意义

在元认知研究中,研究者常使用以下问卷:(1)《元认知意识问卷》(MAI),该问卷以 Brown 的元认知概念作为理论基础由 Schraw 等人编制,包括 52 个条目,元认知知识和元认知调节两个分量表,前者涉及陈述性知识、条件性知识和程序性知识三个维度,后者涉及计划、监控、信息管理、评估和调节五个方面。该量表主要用于测量成人关于认知的知识和调节,是国外使用比较广泛的一种元认知测验工具。(2)《状态元认知问卷》,由 O'Nell 等人编制,状态元认知被定义为人们在智力情景下随强度和时间变化的一种瞬间状态。该问卷由 20 个题目构成,测量个体在特定智力情景下的元认知特点,包括计划、监控、认知策略、自我意识等四个分维度。(3)《儿童元认知意识问卷》(Jr. MAI),该问卷由 Sperling 教授根据《元认知意识问卷》(MAI)题目简化改编而成,分低年级(3~5年级)和高年级(6~9年级)两个版本,用来测查儿童的元认知水平。(4)《学生问题解决思维量表》(STAPASS),量表包含 37 个条目,以 Sternberg 智力成分理论为依据,由 Armour 等人编制,用以测量高中生问题解决中的元认知能力。

国内学者汪玲、郭德俊、方平等人编制修订了《元认知问卷》,该问卷由 56 个题目组成,包括元认知知识、元认知体验、元认知技能三个分量表,适合大学生和中学生群体使用。

统观国内外有关元认知研究工具,我们发现两个问题,其一,适合于小学生的测量工具很少,大部分元认知测验量表是针对中学生以上群体编制的。其

二,国内关于元认知的研究工具开发得比较少,给这一领域科学研究和教育实践带来了不便。

本项研究的目的就是编制、修订一个适用对象为小学高年级学生的《儿童元认知问卷》,考查其测量学特征,为其他研究者和教育工作者测量评估小学生元认知水平提供一个简便适用的工具,满足研究与实践的需要,也为进一步研究该阶段学习不良儿童元认知特点提供有效工具。

通过对现有元认知概念体系的分析与整合,初步确立元认知量表的六个基本维度:自我认知、动机信念、策略使用、计划、监控、调节。

二、编制的过程与方法

(一)程序:

首先,根据确立的元认知量表的六个基本维度,编制出51个题目的问卷,进行小范围(被试群体一)初测,了解题目含义能否被研究对象理解,并请2名小学老师帮助调整一些不恰当的文字表达,形成《儿童元认知问卷(初稿)》。

第二,使用《儿童元认知问卷(初稿)》实施第一次正式测试(被试群体二),然后进行项目分析以及量表、分量表的探索性因素分析,删减调整题目,形成《儿童元认知问卷》。

第三,使用《儿童元认知问卷》实施第二次施测(被试群体三),用测查得到的数据对问卷理论构想进行验证性因素分析,考察问卷的信效度指标。

(二)材料与工具:

1.《儿童元认知问卷(初稿)》

问卷题目根据问卷维度设定并参考现有相关问卷(如《儿童元认知意识问卷》《状态元认知问卷》)编制,共51个题目,其中自我认知10个条目,动机信念

10个条目,策略9个题目,计划7个题目,监控7个题目,调节8个题目。采用五等级评分:1代表完全不符合自己情况;2代表比较不符合;3代表不确定;4代表比较符合;5代表完全符合自己情况。(问卷详见本书附录2。)

2.消极学习行为教师评定表

包括10个条目,用于评定学生学习中的不良行为倾向和特点。本研究中由班主任老师根据对学生情况的了解进行逐条评定,从完全不符合到完全符合分为五等级。(消极学习行为教师评定表详见本书附录3。)

3.学生最近一次期末统一考试中语文、数学、英语成绩。

(三)被试:

量表编制与修订中先后三次进行取样测试。

被试群体一:某小学三年级某班学生46人(男20人,女26人)。

被试群体二:某小学四至六年级学生313人(男210人,女103人)。其中四年级学生95人(男63人,女32人),五年级学生116人(男76人,女40人),六年级学生102人(男71人,女31人)。

被试群体三:某小学四至六年级学生285人(男191人,女94人)。其中四年级学生106人(男79人,女27人),五年级学生83人(男51人,女32人),六年级学生96人(男61人,女35人)。

三、数据的统计分析

(一)《儿童元认知问卷(初稿)》的初步分析

1.项目分析

以测验总分最高的27%和最低的27%作为高分组与低分组界限,进行被试在每题得分平均数差异的显著性检验,将没有达到显著水平的题目剔除。计算每个题目与总分之间的相关,将相关较低(r<0.3)的题目剔除。项目分析后保留48个题目。

2.各个分维度因素唯一性的分析

根据问卷理论构想,每个分维度应仅测查元认知的一个侧面。为此,先用探索性因素分析的方法对各个维度进行探察,并进一步对有关题目进行删减调整。题目保留的标准为:(1)在特征根最高的因子上负荷值超过0.55;(2)所保留的公因子对剩余题项的方差贡献率超过40%。

为了使量表形式简洁整齐,在符合以上标准的前提下,使各个分维度所包含题目数相同。题目删减后,对各个维度进行指定因子个数为1的主成分分析。结果如下:

表2-1 题目调整后各个维度主成分分析结果

自我认知			动机信念			策略		
项目	负荷	共同度	项目	负荷	共同度	项目	负荷	共同度
Y4	0.67	0.45	Y13	0.80	0.64	Y25	0.75	0.55
Y12	0.66	0.43	Y22	0.73	0.53	Y34	0.72	0.52
Y1	0.65	0.43	Y18	0.71	0.51	Y30	0.68	0.46
Y7	0.63	0.40	Y14	0.69	0.47	Y31	0.68	0.46
Y8	0.63	0.40	Y21	0.69	0.47	Y32	0.66	0.43
特征根		2.11	特征根		2.63	特征根		2.43
因子解释率(%)		42.13	因子解释率(%)		52.62	因子解释率(%)		48.66
KMO		0.74	KMO		0.813	KMO		0.79

表 2-1(续)

计划			监控			调节		
项目	负荷	共同度	项目	负荷	共同度	项目	负荷	共同度
Y38	0.78	0.61	Y46	0.71	0.51	Y55	0.73	0.54
Y42	0.72	0.51	Y44	0.69	0.47	Y54	0.73	0.53
Y36	0.71	0.50	Y51	0.66	0.43	Y60	0.71	0.51
Y39	0.66	0.43	Y50	0.63	0.40	Y57	0.70	0.48
Y40	0.65	0.42	Y49	0.55	0.40	Y56	0.62	0.38
特征根		2.48	特征根		2.03	特征根		2.44
因子解释率(%)		49.63	因子解释率(%)		40.75	因子解释率(%)		48.70
KMO		0.78	KMO		0.75	KMO		0.80

上表结果显示,题目调整后各个分维度上所保留的单一公因子对剩余题项的方差贡献率均超过40%,因子在所属维度下各个项目上的负荷值均在0.55以上。

3.《儿童元认知问卷(初稿)》题目调整后的主成分分析

对题目筛选和删减后的问卷进行抽取六个因素的主成分分析,结果如下:

表 2-2 修订后问卷的主成分分析

因子	特征根	贡献率	累计贡献率
1	9.78	32.62	32.62
2	1.36	4.53	37.14
3	1.21	4.03	41.17
4	1.10	3.62	44.78
5	1.10	3.51	48.30
6	1.00	3.40	51.69

经过以上几步修订后,《儿童元认知问卷(初稿)》保留 30 题项,其中自我认知、动机信念、策略、计划、监控、调节六个维度各包含 5 个题项,构成正式《儿童元认知问卷》。在此基础上再度取样测试以便对问卷理论构思合理性以及信、效度进行检验。

(二)《儿童元认知问卷》的验证性因素分析

《儿童元认知问卷》是在明确的理论构想下,参考现有量表编制而成并初步修订的。为了检验理论构想是否合理,测量模型是否与理论模型吻合,使用对被试群体三次施测后得到的数据进行验证性因素分析。

1. 因素负荷

表 2-3　各个题目在潜变量上的因素负荷(LAMBDA-X 的标准化解)

题项	自我认知	动机信念	策略	计划	监控	调节
X1	0.65	—	—	—	—	—
X2	0.49	—	—	—	—	—
X3	0.51	—	—	—	—	—
X4	0.55	—	—	—	—	—
X5	0.43	—	—	—	—	—
X6	—	0.65	—	—	—	—
X7	—	0.65	—	—	—	—
X8	—	0.53	—	—	—	—
X9	—	0.66	—	—	—	—
X10	—	0.62	—	—	—	—
X11	—	—	0.65	—	—	—
X12	—	—	0.65	—	—	—
X13	—	—	0.54	—	—	—
X14	—	—	0.60	—	—	—

(续表)

题项	自我认知	动机信念	策略	计划	监控	调节
X15	—	—	0.70	—	—	—
X16	—	—	0.55	—	—	—
X17	—	—	0.59	—	—	—
X18	—	—	0.58	—	—	—
X19	—	—	0.73	—	—	—
X20	—	—	0.77	—	—	—
X21	—	—	—	—	0.66	—
X22	—	—	—	—	0.74	—
X23	—	—	—	—	0.36	—
X24	—	—	—	—	0.64	—
X25	—	—	—	—	0.68	—
X26	—	—	—	—	—	0.75
X27	—	—	—	—	—	0.75
X28	—	—	—	—	—	0.51
X29	—	—	—	—	—	0.55
X30	—	—	—	—	—	0.62

上表中各负荷值均达到了统计显著水平(t 值＞2，p＜0.05)，表明潜变量在对应的题目上有较高负荷。

2. 拟合指数

表 2-4 《儿童元认知问卷》验证性因素分析的各项拟合指数

χ^2	df	χ^2/df	RMSEA	GFI	AGFI	NNFI	CFI	IFI
595.33	390	1.53	0.042	0.88	0.85	0.89	0.90	0.90

从上表数据来看,χ^2/df 值<5,RMSEA<0.05,其余指标接近或达到 0.9,说明测查数据对原理论构想有较好的拟合。

(三)《儿童元认知问卷》的信、效度分析

1. 信度

经计算,《儿童元认知问卷》Cronbach's alpha 系数为 0.91,分半信度为 0.89,间隔两个月重测信度为 0.82(被试 54 人,男 36 人,女 18 人)。均达到可接受水平。

2. 分维度之间的相关

各个分维度之间以及分维度与总分之间的相关如下:

表 2-5 《儿童元认知问卷》问卷分维度及总分之间的相关

	自我认知	动机信念	策略	计划	监控	调节	总分
自我认知	1						
动机信念	0.60	1					
策略	0.52	0.53	1				
计划	0.62	0.50	0.63	1			
监控	0.48	0.51	0.63	0.59	1		
调节	0.57	0.56	0.65	0.63	0.70	1	
总分	0.77	0.76	0.82	0.82	0.81	0.85	1

注:上表中各相关系数均达到统计显著水平($p<0.01$)

以上结果表明,各个分维度得分与总分之间有较高的相关(0.76~0.85);各个分维度之间有中等程度相关(0.48~0.7)。表明不同分维度所测的内容既有共同之处,又相对独立地测查了元认知的不同方面。

3. 效度分析

由于国内适合小学生的同类工具缺乏，我们使用了两个指标来考察《儿童元认知问卷》的效度。其一是学生最近一次学期考试的主科(数学、语文、英语)平均成绩。其二是班主任教师对学生消极学习行为的评定。因为研究资料显示元认知与学业成绩呈一定程度正相关，同时它反映了一种良好的学习习惯，应与消极学习行为呈负相关。元认知问卷得分与学业成绩和消极学习行为得分相关结果如下：

表 2-6 《儿童元认知问卷》得分与学业成绩、消极学习行为得分之相关

	学业成绩	消极学习行为
四年级	0.37**	−0.40**
五年级	0.33**	−0.21**
六年级	0.23**	−0.27**
总体	0.27**	−0.32**

注：** 表示 $p<0.01$（下同）

上表结果表明，《儿童元认知问卷》得分与学业成绩呈显著正相关，与消极学习行为得分呈显著负相关，说明问卷有较好的效标关联效度。

四、分析和讨论

(一)《儿童元认知问卷》的维度设计

根据对元认知的综合理解，在对现有工具进行深入考察的基础上，我们认为元认知可以从静态和动态两个角度来理解，静态角度元认知涉及个体元认知知识和动机信念等侧面，动态角度涉及计划、监控、调节等侧面。以此为基础构建包含六个分维度的元认知问卷。各个维度的具体内涵如下：

自我认知：反映个体对自我、学习方法、材料特征、影响学习因素等方面的

反思性认识。

策略:反映个体对一些基本学习策略的认知和自觉使用情况。

动机信念:反映个体学习中的成就动机、兴趣、自信心等等。

计划:反映个体学习中的目标意识、计划性等。

监控:反映个体是否采用自我提问、自我测验等策略检查、监督学习和理解情况。

调节:反映个体自我反思、总结经验,指导、调节认知活动的能力。

以上六个维度,从理论上讲基本涵盖了我们对元认知基本内涵的认识。

(二)《儿童元认知问卷》的编制与修订过程分析

Anderson(1988)建议,在发展理论的过程中,通过探索性分析建立模型,再用验证性分析去检验模型。采用交叉证实(cross-validity)程序以保证量表所测特质的确定性、稳定性和可靠性。《儿童元认知问卷》基本上采用了这样一种思路进行编制与修订,首先从理论构想出发,编制题目,形成《儿童元认知量表-1》进行初步测试,对各个分量标进行主成分分析,每个分维度保留一个重要因子(解释率在40%以上),且所保留题目在该因子上有较高负荷值(>0.55)。由于本问卷编制有着明确的理论构思做指导,加之元认知各个侧面有着较复杂相关,因此接下来对修订的《儿童元认知问卷》采用了重新取样后进行验证性因素分析去检验理论构想。验证性因素分析结果显示:潜变量在各个题目上的因素负荷均显著;数据与理论构想之间的各个拟合指数基本达到可接受水平。模型的总体拟和程度有拟和优度卡方检验、拟和优度指数(GFI)、调整的拟和优度指数(AGFI)、近似误差均方根(RMSEA)、标准拟和指数(NFI)、相对拟和指数(CFI)等不同指标。这些指标各有优点与不足,不少学者都认为应该综合考虑各种指标,不能仅用个别指标来衡量一个模型的优劣。从本研究结果来看,

NGFI指标略低,其他基本上都达到了可接受水平,因此,我们认为测量数据支持了我们的理论构想。从另一角度看,验证性因素分析过程也是对量表结构效度的考察。

(三)问卷的信度、效度与适用范围

对于问卷信度的考察,我们使用了 Cronbach's alpha 系数、分半与重测信度,结果显示均达到了可接受水平。对被试在各个分维度上的相关系数进行了计算,结果显示,各个分维度间存在中等程度的相关,说明各个维度间既有密切联系又有相对独立性,与预期相符合。对问卷效度进行考察,除了使用验证性因素分析对结构效度进行评定外,还使用学业成绩、消极学习行为进行了校标效度的检验,结果表明元认知问卷得分与学习成绩呈显著正相关,与消极学习行为呈显著负相关。本问卷编制与修订过程均使用小学四至六年级被试完成,这也基本上确定了本量表的适用范围,我们认为元认知是个体对自身认知活动的反思性认识,小学三年级及以下学生自我评定能力还较弱,存在明显的高估倾向,能否使用自评问卷进行研究还须进一步研究。对于初中生,本量表略显简单,因为,随着个体年龄增长,元认知知识会变得更具领域特殊性,而本量表是倾向于领域普遍性的。

总之,经过修订的《儿童元认知问卷》,具有较好的理论构想,良好的信度、效度等测量学特性,是研究小学高年级儿童元认知的一个简便的、有效的、实用的工具。修订后的《儿童元认知问卷》见本书附录 4。

第三章　元认知视角下的学习不良研究

元认知在教育领域有着广泛的应用前景,对每一个学习者而言发展提高其元认知能力和水平都是必要的,因为它可以有效地促进和提高学习者的学习能力,进而促进其学业成绩。研究表明,学习成绩优异的学生往往能够自觉发展和运用元认知的监控和调节,即元认知水平较高。因此,元认知应用的一个重要领域应当是学校中的学习困难者,如果能够设法有效提高其元认知水平,进而改善其学习能力和学业成绩,其意义和价值是不言而喻的,因为它可能为解决世界教育领域共同关注的难题提供新的思路和突破口。本章将对元认知视角下的学习不良研究做一个文献的梳理。

第一节　学习不良的界定与研究现状

尽管界定和称谓不尽相同,但不可否认,学习不良是一个全球性的现象。学习不良儿童在所有学生中占有相当大的比例。他们的共同特点是智力水平在正常范围,学习成绩较差,同时附带一些心理、行为问题。迄今为止,围绕学习不良问题人们展开了教育、生理、医学、心理学、社会学等多学科的研究,其中心理学成果颇丰,为解决学习不良问题提供了许多有价值的帮助。本节先对学习不良概念进行界定和分析,然后着重介绍近年来国内学者在这一领域开展的研究和取得的成果。

一、学习不良的概念界定

(一)最早的界定

学习不良儿童是一个有着特殊需要的异质群体。研究者(Oakland & Phillips,1997)估计全世界约有1.5亿学习不良儿童,有关这一领域的研究在国内外受到广泛重视。在西方,学习不良的概念起源于特殊教育的实践。1963年,在芝加哥召开的一次由家长和专业工作者参加的有关"知觉障碍儿童"问题的年会中,与会者强烈呼吁使用一个更加适当的、合理的名称,以澄清当时对因不同原因而存在学习方面问题的儿童的混乱称谓。与会专家特殊儿童教育的先驱Kirk提出的"学习不良"概念立刻得到人们的认可,并迅速传播。由此逐渐确立了教育与心理研究中的一个特殊领域。

柯克(Kirk)使用"学习不良"这一概念,统一了当时与学习问题有关的各种称谓,如脑损伤儿童(the brain-injured children)、Strauss症(strauss syndrome)、知觉—动作障碍(perceptual-moter disorders)、轻微脑功能失调(minimal brain dysfunction)、阅读障碍(dyslexia)、失语症(aphasis)、书写障碍(dysgraphia)等。他认为,学习不良指个体在一种或多种过程中表现出的落后、障碍或延迟发展,这些过程涉及说话、语言、阅读、书写、算术或其他学科。学习不良由可能存在的脑功能失调所致心理残障和/或情绪或行为紊乱造成,但并非智力落后、感觉剥夺或不利的文化与教学因素造成的结果(Kirk & Bateman,1962)。

(二)两个重要的定义

随着这一领域研究的不断深入和教育实践的需要,出现了大量学习不良的定义。在诸多定义中,影响最大的有两个,一个是美国残障者教育法(the Individuals with Disabilities Education Act,简称 IDEA)中的定义;另一个是由美国学习不良国家联合委员会(the National Joint Committee on Learning Disabilities,简称 NJCLD)提出的定义。

IDEA(1997)有关学习不良的定义包含两部分内容,前者侧重理论阐述,后者更多从操作角度给予说明。具体内容为:特殊学习不良指那些在一种或多种基本心理过程方面存在障碍的儿童,这些基本心理过程与理解和使用语言(说或写)有关,障碍可能表现为听说、思维、阅读、写作、拼写或进行数学计算方面的能力不完备。这一术语包括以下情况:知觉障碍、脑损伤、轻微脑功能失调、诵读困难和发展性失语症;这一术语不包括由于视觉、听觉或运动障碍、智力落后、情绪障碍或环境、文化和经济上的劣势引起的学习问题。如果学生具有以下情况就被认为是学习不良:(1)接受适当的教育仍不能在适当的年龄达到一定的能力水平;(2)在下面七个方面中有一项或一项以上学业和智力水平之间存在严重不一致:口语表达、听力理解、基本阅读技巧、阅读理解、书面表达、数学运算和数学推理(Lerner,2000)。IDEA 的定义因以法律形式出现,所以被广泛参照和使用。

NJCLD(1990)对学习不良定义如下:"学习不良是一个用以描述异质障碍群体的概括性术语,障碍表现为在获得和使用听、说、读、写、推理或数学能力方面的明显困难,这些障碍源于个体内部,假定由中枢神经系统功能失调引起,并可能存在于人的一生。自我调节、社会知觉以及社会交往方面的问题可能伴随学习不良存在,但这些问题本身并不构成学习不良。尽管学习不良可能与其他障碍(如感觉损伤、智力落后、严重情绪紊乱)同时存在,或同时受到某些外部因素(如文化差异、教学的不充分或不适当)的影响,但学习不良并非这些障碍和影响因素作用的结果。"这一定义对 IDEA 定义中的一些有争议的、含混的提法进行了调整,并融入了学习不良研究领域的一些新的观点和思想,主要表现在:(1)体现了学习不良不仅存在于儿童,而且可以存在于任何年龄段、贯穿于毕生发展中的思想;(2)删除了"基本心理过程"这一有争议的提法;(3)明确指出了学习不良儿童可能在自我调节、社会知觉以及社会交往等社会性发展方面同时存在问题;(4)将以往定义中常常出现的"不是什么"的排除法改变为共存或同时发生之类的表述。

通过以上两个有代表性的学习不良定义,对学习不良可以获得一个轮廓性的认识:学习不良具有异质性;可能是中枢神经系统机能失调所致;涉及心理过程障碍;与学业不达标有关;表现为听、说、读、写、推理或数学能力等方面障碍;存在于生命全程;排除一些其他可能原因(Kavale & Forness,2000)。但究竟"什么是学习不良?"仍是一个充满矛盾、对立、冲突和争执的问题领域。

(三)我们的认识与思考

学习不良概念界定方面存在的问题主要集中表现为:要素及要素间关系不明朗。学习不良概念试图将学校中体验着学习方面问题,成绩落后的一部分儿童与一般情况下成绩处在正态分布曲线底端(低成绩的一端)的儿童区分开来。区分的依据是这些儿童总智商达到一般水平,但他们认知过程中某一或几个方面似乎存在特定缺陷,因而认为这些缺陷与他们的不佳学业表现之间存在某种联系。缺陷似乎是学习不良概念的核心要素之一,但这些缺陷是作为原因来看待还是作为结果去认识呢? 作为结果,寻求更深层的原因常常追溯到生理方面,不少学习不良的定义都或明或暗包含这样的观点:学习不良与神经生理因素相关。神经科学和医学的研究正在积累这方面的资料,但到目前为止证据尚不充分,所以一些定义中仍是以假定的方式提出;作为原因去考查,结果让人更加困惑。某一方面或几方面的缺陷与听、说、读、写、数学计算与推理能力之间的关系极为复杂,学习不良是由于一系列限制性缺陷选择性影响学业功能的观点既得到一些研究支持又受到挑战(Stanovich,1986;Siegel,1988)。此外,定义模式多样、基本表现领域说法不一以及操作定义中差异模式是否合理等问题也是研究者争论的焦点所在。

结合我国实际情况和国外近年来对学习不良概念的争论、反思,本研究对学习不良做如下界定:学习不良指由内、外多种消极因素相互作用但非生理或身体的原发性缺陷(如盲、聋、哑、智力落后、其他身体残疾等)所造成的学业落后和困难,学习不良儿童需要特殊教育和帮助。

这样界定学习不良突出以下特点:

第一,强调学习不良主要体现在学业落后和困难上,侧重其教育心理学问题,突出这一领域研究的重大实践价值。落后是指与同龄儿童相比不能完全掌握与其年龄相应的学业课程,其一门或几门主要课程分数位于正态分布末端。困难指由于个体某方面能力发展不足因而要花费更多的时间和精力才可能达到掌握知识技能的某种及格水平。

第二,强调以整体的观念对待学习不良。随着研究的深入,人们越发认识到学习不良是内外多种消极因素相互作用的结果,单一的原因(如某方面能力的不足)很少能在学习不良的形成过程中起决定性作用。

第三,淡化 IQ 在界定学习不良中的核心作用。IQ 在界定学习不良中的作用,近年来颇有争议。尽管学习不良的操作定义中 IQ 与实际学业水平的差异模式仍被多数研究者所采用,但正如有些学者(Siegel,1988)所指出:IQ 分数及其与实际学业成绩的差异在确立学习不良中,并非一个不可缺少的因素。以阅读困难为例,在一项研究中,研究者把具有阅读困难的儿童按 IQ 分数分组,然后对各组语言、记忆、拼写、语音任务比较,发现无显著差异。另一项研究中,研究者(Siegel,1992)将被确认为阅读困难者、阅读成绩低下者和一般儿童进行了比较,发现前两组在阅读、拼写、语音加工、大多数语言和记忆任务方面并无明显差异,其成绩均低于一般儿童组。其他学者的一些研究也支持了这一结论。因此,我们主张更多从学业落后与困难角度来界定学习不良,认为学习不良是学业成绩正态分布末端的少数学生。

二、我国学习不良领域研究现状

我国自 80 年代以来,学习不良领域的研究日渐升温,尤其近几年,随着基础教育课程改革的推进,让每一个学生都得到全面发展的教育理念深入人心,学习不良儿童的心理特点和教育问题备受关注。我国约有 2.36 亿中小学生,参照其他国家的检出率(5%~15%不等)计算,不难想象我国学习不良儿童是一个非常庞大的群体,如果这些有"特殊需要"的儿童不能得到适当的教育,素质教育的目标就会难以顺利实现,整个社会进步与发展以及人口素质的提高也必受影响。正是在这样一个背景下,许多学者对学习不良问题展开了深入研究。目前国内的研究主要集中于以下几个领域:

(一)认知特征的研究

从信息加工的角度看,学习不良儿童通常被认为具有特定的认知缺陷,正是由于特定认知缺陷的存在选择性地影响了其学业成绩,因此对学习不良者认知特征的研究近几十年来一直备受关注。

在注意方面,朱冽烈等人(2000)研究表明,学习困难儿童与学习优秀、学习一般儿童相比,其注意力更不集中,更容易分心;他们更多动,冲动性更强,行为问题更多。另有研究者(杨锦平等,1995)研究了初中学习不良学生的无意注意和注意搜寻、注意稳定性、注意的转移与集中特性。结果显示,学习不良学生的各项指标显著低于优等组学生,但无意注意和注意搜寻、稳定水平与中等组学生的差异不显著。

在工作记忆方面,有研究(金志成等,1999)表明,学习不良者工作记忆容量低于学习优秀学生。另一项有关学习困难学生视空间工作记忆提取能力的研究结果显示:无论在低加工负载条件下还是在高加工负载条件下,学习不良儿童视空间工作记忆的提取能力都比学优生差。

在能力与智力方面,研究发现(徐芬等,1995):学习不良儿童与优等生在智力水平上有十分显著的差异,优等生的平均智商为120.1,学习不良儿童的平均智商为97.4;优等生在操作分量表与语言分量表上的得分比较均匀,但学习不良儿童的操作智商显著地优于语言智商;优等生与学习不良儿童在智力结构上也不尽相同,优等生在词汇、积木、类同等分测验上的得分高,在算术、背数、排列等分测验上的得分较低;学习不良儿童在拼图、译码、填图、词汇等分测验上的得分较高,在常识、算术、背数等上的得分较低。还有一些研究者(张雨青等,1995)调查了184名临床诊断为学习不良儿童的主要行为特征,运用因素分析方法获得了七个因素的简单结构。这七个因素分别被命名为:视知觉能力、语言能力、社交能力、理解能力、行为问题、运动能力和感觉—动作能力。研究者认为,基本学习能力的不足和行为问题是导致产生学习不良的主要原因。

(二)人格与社会性发展的研究

俞国良(2000,1997)等人研究发现,与一般儿童相比,学习不良儿童孤独感明显偏高,同伴接受性明显偏低,同伴接受性与孤独感之间存在显著负相关;学习不良儿童社会交往、自我概念和行为问题诸维度上具有独特的年龄和性别特点。

陈国鹏等人使用《儿童十四种人格因素问卷》(简称CPQ,华东师大修订)和《自我描述问卷Ⅱ型》(华东师大修订)对学习不良儿童的个性和自我概念进行了研究,发现实验组和对照组在个性特征中的稳定性、兴奋性、有恒性、自律性、焦虑水平等方面表现出显著性的差别。在自我概念方面,对照组各种自我概念的发展水平均高于学习不良儿童,并且除体能,外貌和与异性关系外其余8个方面(数学、语文、一般学校情况、与父母关系、与同性关系、诚实-可信、情绪稳定、一般自我)都存在显著或非常显著的差异。

俞国良等人(2000)根据Dodge等人提出的儿童社会交往中的社会信息加工模式,进行了有关学习不良儿童社会信息加工的研究。结果发现:学习不良儿童与一般儿童在对权威社会情景进行编码时存在显著差异,学习不良儿童的编码准确性和全面性显著低于一般儿童;在模糊同伴情景下,学习不良儿童的反应数量显著多于一般儿童,其消极或侵犯性的反应也多于一般儿童。

(三)家庭资源的研究

俞国良等人(1998,1999)研究发现,学习不良儿童与一般儿童在家庭环境、父母期望、父母控制、父母启发式学业指导、父母简单化学业指导、父母关系、父亲情感温暖、父亲惩罚严厉、父亲过分干涉、父亲拒绝否认、母亲情感温暖、母亲惩罚严厉、母亲过分干涉、母亲拒绝否认等维度上均有显著乃至非常显著的差异,学习不良儿童与一般儿童相比家庭资源配置较差。进一步研究还揭示出学习不良儿童的家庭资源与其社会性发展、学习动机、认知发展之间存在的可能的因果关系。为了比较深入地研究学习不良儿童的家庭功能,研究者根据Mc-Master家庭功能模式理论和Epstein等人编制的家庭功能量表编制出半结构访谈提纲,对18个学习不良儿童家庭和32个一般儿童家庭进行了访谈研究,发现:学习不良儿童在家庭功能的问题解决、沟通、角色分工、情感反应、情感介入、行为控制、功能总分等各个维度的得分均低于一般儿童家庭,在问题解决、沟通、情感反应、行为控制四个维度及功能总分上有显著或非常显著的差异。

(四)具体学科领域内学习不良的研究

还有不少学者,对具体学科领域内学习不良现象进行了深入研究,这些领域包括阅读、第二语言学习、数学等。限于主题和篇幅要求,这里不再详述。

第二节 学习不良儿童元认知发展的问题与缺陷

在元认知理论思路的指导下,研究者对学习不良问题的研究在两个方向不断深入。一是针对学习不良儿童元认知加工过程展开的研究;二是涉及具体学科领域的元认知研究。下面就以上两个方面分别介绍。

一、学习不良儿童的元认知缺陷

(一)元注意

元注意反映着个体对注意的意识。罗珀等人(Loper,1982)比较了学习不良儿童和非学习不良儿童的元注意,研究者向被试提供元注意任务——要求被试评价兴趣、奖赏、分心对注意的相对重要性,结果两组被试中年龄小的都强调外部奖赏的重要性,年龄大的都强调内部兴趣的重要性,发展性趋势很明显。尽管两组在元注意任务上无显著差别,但在非学习不良儿童身上,元注意任务操作与学业成绩相关,在学习不良儿童身上却表现为不相关。在接下来的实验中,经干预,学习不良儿童元认知任务操作变得与学业成绩相关。此研究结果显示,学习不良儿童学习中在运用元注意知识的能力上存在欠缺。

(二)元记忆

早期的一些研究(Torgeson,1979)发现,好的与差的读者在回答涉及有关记忆和回忆策略的问题上存在区别,两组生成的解决问题方法在数量上存在显著差异。高特尼(Gaultney,1998)研究了3、4、5年级学习不良儿童和一般儿童的记忆问题,发现即使使用同样的策略,一般儿童的回忆成绩也比学习不良儿童要好。随着年龄的增长,学习不良儿童与一般儿童的差距在增大。一般儿童在回忆时似乎从聚类方法中受益,高年级学习不良儿童在编码时使用策略行为并从中受益。这项研究显示,学习不良儿童的记忆操作和策略使用也随年龄而发生着变化。哥瑞尼(Greene,2002)在研究中比较了正常儿童、数学学习困难儿童、阅读困难儿童、兼有数学学习困难和阅读困难儿童的元记忆,结果表明,正常儿童在所拥有的元记忆知识、生成策略数量和精确、整合策略的使用上都明显优于其他三组儿童,兼有数学学习困难和阅读困难的儿童表现最差,数学学习困难组和阅读困难组之间无差别。这些研究均显示,在元记忆方面,与一般儿童相比,学习不良儿童存在发展上的缺陷。

(三)元理解

元理解是一个与有效阅读和学习相关的概念,指个体对自己阅读理解状态的意识。许多研究表明,学习不良儿童在阅读中缺乏对理解程度的有效的自我监控,而通过自我设问等形式的训练,可以提高他们的元理解能力,增进其阅读理解水平。(Wong & Jones,1982;Weisberg & Balajthy,1990;Esser,2002)

(四)执行过程与策略使用

执行过程涉及分析任务要求、选择适当策略、分配学习时间、学习进程的监测和调节、评估结果等多方面内容,虽然结果并不完全一致,但大多数研究显示,学习不良儿童在这些方面存在不同程度的问题(Deborah,1998)。主动的适当的策略使用一直是这一领域人们关注的一个核心问题,早期的研究集中在对学习不良儿童与一般儿童策略使用的对比方面,如卡位勒(Kavale,1980)发现学习不良儿童在回答阅读理解问题时不像一般儿童一样使用有效推理策略;弗莱舒钠和加奈特(Fleischner & Garnett,1987)发现存在已获得成功解决文字题技能但从不在解题时适当使用它们的学习不良儿童。90年代以来涌现出大量的以策略使用训练为中心的干预性研究,大都取得了明显效果。如霍根等人(Hogan & Catherine,1999)研究表明,接受记忆策略训练加上个体化数学学习计划的学习不良儿童比只接受个体化数学学习计划的儿童成绩更优异。斯旺森(Swanson,1999)在对180个干预研究分析后指出,策略指导与直接指导的结合将产生最大的效果量。斯旺森等人(Swanson,2000)在另一份对单被试干预研究的元分析研究报告中指出,从所报告的被试的智力和阅读水平来看,策略教学模型对效果量的预测要优于直接教学模型。

二、涉及具体学科领域的元认知研究

在学习不良领域,元认知理论和研究无论在理解学生的加工问题,还是在对学生提供有效帮助的教育实践中,都有着十分重要的意义和作用。目前,一些学习不良儿童元认知研究是和具体的学业领域相结合而展开。以下分别介绍研究开展较多的几个领域:

(一)阅读理解

高效阅读者能意识到任务要求并指导自己付出相应的努力,学习不良儿童在确认阅读的任务要求方面似乎存在困难。一些研究显示,年幼儿童和阅读较差的学生很少意识到阅读的本质目的,他们常常更多关注对词的解码或阅读的准确性而很少关注从课文中提取意义的过程(Jacob & Paris 1987;Pazzaglia,Cornodi & Beni,1995)。阅读中他们常逐字去读而很少努力去发现文章的主要观点(Baker & Brown,1984)。另外,年长儿童和高效阅读者能意识到影响阅读的各种变量,使用阅读策略并根据不同情景选择不同策略,年幼儿童和阅读较差的学生则表现出这方面知识和能力的欠缺。高效阅读者能根据不同目的使用不同的方法(如精度、略读、浏览等),阅读较差者则很少根据不同目标改变阅读方法。学习不良儿童和高效读者在对理解的监测水平上也存在差异,载布如卡等人(Zabrucky & Moore,1989)以四、五、六年级学生为被试,根据阅读能力将其分为高、中、低三组,研究了三组被试在觉察课文不一致时对词汇水平、外部一致性水平、内部一致性水平三种标准的使用情况。研究显示,儿童因年龄和阅读能力的不同,在三种水平的使用上存在差异,三个水平的难度从词汇水平到外部一致水平再到内部一致水平表现为由低到高。阅读较差者的操作(较多使用词汇水平)与年幼儿童相似,在给予三种水平的明确解释后,成绩有较大提高。帕泽利亚(Pazzaglia,1995)的一项研究发现,六年级学习不良儿童与非学习不良儿童在有关阅读任务的概念、对课文特点的敏感性、有关阅读策略的知识、错误探察等方面存在区别,学习不良儿童在阅读理解的元认知方面发展水平较低。斯旺森等人(Swanson,1996)的一项研究表明,阅读困难者可利用元认知来补偿其阅读技能的不足。实验的被试包括阅读困难儿童和阅读正常儿童各60名。实验中研究者对两组被试进行了阅读速度、Nelson Skill Reading Test 的分测验、由高频词和低频词构成的句子广度测验、元认知问卷的测验,结果发现,在工作记忆、词汇、和阅读方式之间两组被试存在差异,但在元认知问卷上却未表现出差异。对数据进行进一步分析发现,两组被试在工作记忆、词汇、元认知及阅读理解上的相关模式并不相同,元认知问卷可以有效地预测阅读困难者的阅读理解成绩,而包含低频词的工作记忆广度测验可以有效地预测普通读者的阅读理解水平。在对研究结果进行处理分析之后,研究者指出,在该实验中元认知对阅读困难者的阅读理解起到了补偿作用。随着元认知能力的提高,阅读困难者可以通过自我监测来不断改进自己的阅读技能,补偿阅读理解中的困难,提高阅读的水平与成绩,这已被许多研究所证实。

(二)写作

研究显示,学习不良儿童在写作中更关注结构性方面而非实质性方面(Englart,1990;Graham,Schwartz & Macarthur,1993)。旺(Wong,1988)的一项研究中比较了八年级学习不良学生的写作和有关写作的元认知概念,结果发现学习不良儿童的写作在五个维度上得分较低,这五个维度是:有趣、交流目的的清晰程度、词的选择、组织和连贯。与其他学生强调诸如计划、组织等高级加工过程不同,学习不良儿童更关注拼写正确与否等低水平的加工。显然,如果学生关注的是写作中拼写、语法等正确与否,而不是关心如何与特定对象进行连贯沟通的话,其目标设定和策略选择使用上也会不同。恩格莱特及其同事(Englert,1987,1988,1989)系统研究了学习不良儿童有关写作过程的元认知知识,结果发现,学习不良儿童在写作的策略意识和怎样调节写作过程上均与普通学生存在差异。例如,学习不良学生倾向于使用外部线索判断自己是否写完,在起草、修改文章时很少考虑读者的需求。

(三)数学问题解决

在解决数学问题的策略方面,蒙特格(Montague,1997)的研究显示,学习不良学生报告的解决问题的方法与非学习不良学生在数量上并无差异,但他们的描述更多集中在低水平策略(如计算)而非高水平策略(如表征),这一结论表明学习不良儿童并非完全缺乏策略性知识,但他们在根据任务要求选择和使用策略上存在问题,即元认知调节方面没能得到很好的发展。翰格函等人(Haneghan,1989)研究了儿童在数学方面的元认知监测,发现学习不良儿童常难以判断问题是否得到正确解决,他们倾向于使用计算正确与否的标准评价作业,在检查错误方面更多使用表面标准和单一标准,还常使用错误或不准确的标准。蒙特格研究了六、七、八年级学习不良儿童对数学的态度、数学作业方面的自我知觉等问题发现:学习不良儿童对数学价值的评价同其他儿童一样高,但对数学的态度和对自己数学能力的评价方面低于一般儿童。在考察儿童实际解决数学问题时发现:与一般儿童相比,学习不良儿童认为面临的数学问题更困难,他们仅花费较少时间去解决问题,成绩较差。对自身数学能力的知觉影响到他们解决问题的坚持性。国内研究者(牛卫华、张梅玲,1998)发现,导致学生数学成绩产生差异的主要原因在于优秀生和学习困难生的元认知差异。他们要求优秀生和数学学习困难学生解答学习过的中等偏上难度的数学应用题,目的在于让学生尽可能多地使用元认知策略。研究者发现,尽管他们的解题成绩不同,但两组学生在解应用题上的认知步骤是大致相同的,即阅读、分析、假设、计算、检查。所不同的是优秀生解题过程中用时所占比例最高的为分析阶段,而学习困难学生解题过程中用时比例最高的为计算阶段。优秀生由于受元认知策略指导,知道在分析阶段要进行哪些内容和过程的分析。

概括地讲,元认知在数学问题解决上表现为对问题解决做出预测、不断评价解决问题途径以及监控反应的能力上。卡罗(Carol,1997)等人总结以往的研究指出,数学学习不良儿童在涉及元认知的以下技能和能力方面存在困难:(1)评价自己解决问题的能力;(2)确定和选择适当的策略;(3)组织信息;(4)监测问题解决过程;(5)对结果正确性进行检查;(6)将策略推广到其他情景。

三、对元认知视角下学习不良研究的思考

从元认知研究来看,20世纪70年代Flavell提出元认知概念后,80年代研究者的研究主要围绕儿童元认知发展展开,90年代认知心理学家以成人为对象深入研究了元认知的机制,之后发展与机制研究相结合,即从发展的角度探讨机制问题又成为研究的新趋势。国内已进行了不少关于儿童青少年元认知能力和发展趋势方面的研究(董奇,1989,1992,1995;李景杰,1989;庞虹,1991),这些研究大都以正常成长中的一般儿童为被试,以揭示一般规律为目的而展开。学习不良儿童作为异质群体是否存在不同的发展趋势和特点?这一问题尚须进一步研究来揭示。反过来,对特殊群体元认知的研究也可以丰富人们对元认知发展、机制等问题的认识。

从学习不良研究领域来看,国外80年代以来,元认知理论受到关注。研究者首先开展的是一些基础性的研究,揭示出学习不良儿童的元认知加工方面存在缺陷,随后由于实践需要,以元认知理论为指导,结合具体学业困难的干预性研究成为这一领域的主流。但对于学习不良儿童元认知加工机制方面的研究在某种程度上被忽视。近年来,国内有关学习不良元认知领域的研究已开始引起研究者的关注。如胡志海、梁宁建(1999)等人曾对50名初中学业不良学生与同样数量学生对照组的元认知特点进行过研究,发现学业不良学生的元认知在计划性、方法性与总结性三方面得分最低,初步揭示了学业不良学生在元认知上的主要缺点和元认知同学习效果之间的关系。张承芬等人(2000)对学习困难儿童和非学习困难儿童元记忆特点进行的对比研究发现,学习困难儿童的元记忆水平明显低于非学习困难儿童,而且两类儿童的元记忆水平与其回忆量均有较高的相关。总体上看目前国内这一领域的研究还处在起步阶段,显得不

够系统、深入。

从研究的实践价值来看,学习不良儿童心理特征研究的根本目标是设法帮助这些儿童克服或弥补学习上存在的问题与障碍,充分发挥其潜质,缩短他们与普通儿童学业上的差距,有效促进其发展。如前面综述中分析,元认知在记忆编码与提取、问题解决等一系列与学习相关的认知活动中起着重要作用,同时也起到对影响学习的各种内外因素进行协调与整合作用,元认知对学习的促进作用已被诸多研究证实。元认知在学习不良儿童的学业成绩落后问题上,是否起到重要作用?通过适当训练,能否促进他们的元认知发展并进而提高其学业成绩?这些都是教育实践中非常值得关注的问题。显然,对学习不良儿童元认知特点把握越准确,对元认知机制解释的越深入,干预实践针对性就越强,效果就会越明显。目前我国学习不良领域能对教育教学有直接指导价值的研究还很缺乏,因此我们期待,通过对学习不良儿童元认知特点与机制的深入研究能对学习不良儿童教育实践起到推动作用。

从研究思路来看,以往对元认知的研究长期沿着两条基本上分离的路线展开:其一是发展心理学领域的研究;其二是认知心理学领域的研究。发展心理学研究者关注元认知能力及具体成分随个体年龄增长而发展的过程及其对记忆、学习活动的影响。这一研究路线具有以下特点:第一,对元认知概念的理解比较宽泛。第二,发展心理学家强调个体对自己认知上的长处与不足的了解,对一般认知过程的认识,对学习材料及其对学习活动的影响的认识等等,并认为这些元认知知识影响和决定着个体对学习和记忆活动的有效管理。第三,发展心理学家在元认知研究中还重视学习记忆的策略问题,如个体对策略的理解,某种策略的优点与局限,策略的选择、迁移等等,学习和记忆中策略的理解、认知、自觉使用被视为元认知的一个重要成分。第四,研究方法上多采用自陈报告法,包括访谈法和问卷法等。最后,发展心理学家更倾向于把元认知看成一系列技能,更加关注这种技能的元认知的一般性和领域特殊性,关注个体差异以及元认知技能对学业成绩的预测,在这种视角下,通过教育干预对某些元认知技能缺失进行补救、对发展进行促进成为一项重要研究内容。在另一条路线上,认知心理学家对元认知的研究集中在特定认知活动——记忆的监测与控制过程方面,集中于记忆活动中元认知的动态过程上,通常采用被试内的相关来考察元认知判断的准确性以及元记忆对记忆的影响,方法上多采用严格控制条件的实验室实验,并形成了一些基本实验研究范式。认知心理学家更关注以下问题:元认知判断的准确性如何,哪些因素影响准确性?基本的元认知判断形式有哪些,人们如何监测自己的记忆,哪种判断更准确?元认知判断如何调节、指导个体的信息加工过程与行动?通过特定训练能否提高记忆监控的准确性?等等。本书后文涉及的研究中,尝试把两种元认知研究思路结合在一起,从而力求较为全面地揭示出学习不良儿童元认知发展的基本特征,应该成为一种趋势。

第四章 儿童元认知静态成分的发展与比较研究

根据第一章对元认知概念的基本认识,我们把元认知分划为静态成分和动态成分。对静态成分的研究侧重将元认知作为一种个体自我建构的知识体系来对待,研究多采用问卷调查或访谈的方式。在本章介绍的两项研究中,根据对元认知内涵的理解,研究者编制了包含自我认知、动机信念、策略、计划、监控、调节六个维度的《儿童元认知问卷》,以此为工具,对特定年龄阶段的儿童进行测查,并且通过对比,特别关注了学习不良儿童元认知静态成分发展状况。

第一节 小学高年级儿童元认知发展一般特点研究

一、问题提出

个体元认知发展趋势是研究者们一直关注的一个重要问题。对此,国内外已有不少研究。人们较为普遍接受的观点是:随着年龄的增长、认知的发展以及学习经验的不断丰富,学生的元认知知识和能力表现出不断发展和提高的趋势。如施瓦和莫斯曼(Shraw & Moshman,1995)在回顾了诸多相关研究之后指出,个体的元认知最早在4岁左右开始发展,此后从入学直到步入青春期和成人,元认知能力不断深化和拓展。此外不少研究(Flavell, Miller & Miller, 1993;Thorpe & Satterly,1990;Schneider & Lockl,2002)表明中学和青春期阶段是个体元认知技能快速增长的一个时期。在这一研究领域也存在着一些不一致的研究结论。如斯波林、米勒、墨菲(Sperling, Miller & Murphy, 2002)等人对小学中高年级学生元认知发展的测查显示,儿童元认知发展存在年级差异,但并没有像期望的那样随年级增长而增长,而是个别年级得分较高,研究显示不存在性别差异。默克和严芳(Mok & Yan Fung)对7871名香港小学五年级~中学五年级学生的元认知发展趋势进行了问卷调查,问卷由自我效能、内在学习价值、元认知策略意识、学习策略使用、学习过程的自我调节、学习的自我评估等六部分组成,结果出人意料:学生自我评定的元认知及各个维度得分均表现出一种随年龄增长而下降的趋势,且小学到中学的过渡呈现出明显的向下转折。本研究将以《儿童元认知问卷为工具》对小学四至六年级在校生进行调查,研究该阶段儿童静态元认知成分发展的基本趋势,同时对该阶段普通儿童与学习不良儿童元认知静态成分发展情况进行比较。

二、研究方法与程序

(一)被试选取

本研究被试包括两部分,一是普通儿童,一是学习不良儿童。

普通儿童从某市普通小学四至六年级随机抽取,共324人,男生199人,女生125人。其中,四年级101人,五年级114人,六年级109人。

学习不良儿童根据以下操作性定义标准选取:(1)学业成绩落后标准。主科(数学、语文、英语)平均成绩居年级(四至六个班)的后 20% 内;(2)教师评定标准。根据研究者提供的对学习不良儿童心理行为特征描述,被班主任教师评定为"学习不良"者;(3)智力与成绩的差异标准。将智力测验与最近一次学期末考试成绩转换为标准分,通过特定公式〔$Z_{dif} = (Z_x - Z_y)\sqrt{(1-r_{xx})+(1-r_{yy})}$〕比较二者差异,取 Z_{dif} 大于 $Z_{0.10} = 1.28$ 的被试(参见辛自强、俞国良,1999)。(4)排除标准。排除智力落后以及由于疾病等特殊情况导致的学业成绩落后问题。本研究中所选被试同时满足以上四个标准。这四个标准是前文中对学习不良理论定义的操作化,从四个不同角度对学习不良儿童的异质性进行了框定。标准一反映学习不良的根本外部表现特征;标准二反映学习不良儿童表现的长期性和一贯性;标准三反映学习不良儿童尚具一定潜力的特征;标准四用以区分有其它具体明确原因导致的成绩落后。

根据以上对学习不良的操作性定义,从三所普通小学 827 名四至六年级学生中筛选得到学习不良学生 96 人作为本研究中学习不良儿童的样本,其中男 79 人,女 17 人。年级分布为:四年级 33 人,五年级 31 人,六年级 32 人。

(二)研究工具

本次研究使用的测量工具为作者编制修订的《儿童元认知问卷》。(详见本书第二章内容)

(三)程序

调查过程采用集体统一发放问卷,学生现场填写,当场回收的方式进行。然后请两名经过培训的本科学生将数据录入 SPSS,再进行统计分析。

三、研究结果

(一)普通儿童元认知发展的年级、性别差异

(1)普通儿童《儿童元认知问卷》总分的年级、性别差异

以元认知问卷总分为因变量,进行3(年级)×2(性别)双因素方差分析,结果如下:

表4-1 普通儿童《儿童元认知问卷》总分的描述统计

年级	性别	人数	平均数	标准差
4	女	34	115.82	20.41
	男	67	112.03	18.66
	总计	101	113.31	19.25
5	女	49	111.55	16.76
	男	65	110.45	18.10
	总计	114	110.92	17.47
6	女	42	118.38	12.42
	男	65	118.11	14.69
	总计	107	118.21	13.78

表4-2 普通儿童年级×性别单变量方差分析结果

变异来源	平方和(SS)	自由度(df)	均差(MS)	F值	显著性
年级	2818.38	2	1409.19	4.88	0.00
性别	224.16	1	224.16	0.78	0.38
年级*性别	160.26	2	80.13	0.28	0.76
误差	91303.22	316	288.93		
总和	4286246.00	322			

从上表方差分析结果可知,年级与性别的交互作用不显著,性别主效应不显著,年级主效应显著。进一步采用最小显著差异法(LSD法)、q检验法(SNK)、邓肯(Duncan)多范围检验等方法对年级主效应进行事后比较,结果显示:六年级与四、五年级间存在显著差异,四、五年级间差异不显著。

(二)普通儿童《儿童元认知问卷》各维度的年级差异

表 4-3 不同年级普通儿童在《儿童元认知问卷》各维度上的得分

项目	四年级		五年级		六年级	
	M	SD	M	SD	M	SD
自我认知	20.65	3.54	19.10	3.71	20.28	2.99
动机信念	19.55	4.19	18.54	3.79	20.17	2.96
策略	17.73	4.27	18.73	3.50	19.21	3.58
计划	20.14	3.76	18.90	3.79	20.51	3.04
监控	16.23	4.35	16.51	3.24	18.25	3.13
调节	19.00	4.21	19.15	3.21	19.97	3.42

表 4-4 不同年级普通儿童各维度得分的方差分析

项目	来源	平方和	自由度(df)	均方	F 值	显著性
自我认知	组间	144.90	2	72.45	6.17	0.00
	组内	3770.99	321	11.75		
	总和	3915.89	323			
动机信念	组间	151.50	2	75.75	5.62	0.00
	组内	4330.34	321	13.49		
	总和	4481.84	323			
策略	组间	118.28	2	59.14	4.14	0.02
	组内	4574.45	320	14.30		
	总和	4692.74	322			
计划	组间	158.44	2	79.22	6.30	0.00
	组内	4037.23	321	12.58		
	总和	4195.67	323			

(续表)

项目	来源	平方和	自由度(df)	均方	F 值	显著性
监控	组间	256.49	2	128.25	9.92	0.00
	组内	4136.50	320	12.93		
	总和	4393.00	322			
调节	组间	58.92	2	29.46	2.25	0.11
	组内	4199.38	321	13.08		
	总和	4258.31	323			

由上表可知,普通儿童在自我认知、动机信念、策略、计划、监控等分维度上都存在显著的年级差异。进一步分别进行事后比较发现,年级间差异表现出两类情况,一是随年级逐步升高规律的发展,如策略、监控分维度,二是不规律的发展,表现为五年级低,四年级、六年级较高,如计划、信念、自我认知维度等。

(三) 学习不良儿童元认知发展的年级差异

由于取样中筛选出的学习不良儿童性别比例不均衡,女生较少,在此不再检验性别差异,只考察年级差异。单因素方差分析结果如下:

表 4-5 不同年级学习不良儿童《儿童元认知问卷》总分与标准差

年级	人数	平均数	标准差
4	33	102.94	22.54
5	31	98.23	19.39
6	32	95.47	20.12
总计	96	98.93	20.78

表 4-6 学习不良儿童《儿童元认知问卷》得分的方差分析

	平方和(SS)	自由度(df)	均方	F	显著性
组间	929.22	2	464.61	1.08	0.34
组内	40081.27	93	430.98		
总和	41010.49	95			

上表可知,尽管不同年级学习不良儿童得分不同,但方差分析结果显示小学四至六年级学习不良儿童元认知问卷测验得分间不存在显著年级差异。

四、分析和讨论

本研究采用自编并经过初步修订的《儿童元认知问卷》对 96 名学习不良儿童和 324 名四~六年级普通儿童进行了测查。量表总分反映了元认知的整体水平,对总分分析结果显示:在普通儿童身上,元认知发展表现出了年级差异,六年级学生得分显著高于四、五年级学生得分,性别差异不显著。这一结果与预期基本一致。以往一些研究结果表明,中学阶段是个体元认知能力进入快速提高的时期,本研究与以上研究结果基本相符,小学四、五年级儿童身上,元认知水平差异不大,接近初中阶段的六年级儿童元认知水平开始表现出了较明显的提高。因而本研究结果在一个特定年龄段上支持随个体年龄(年级)升高,元认知水平不断升高的普遍认识。

从对各个分维度的分析来看,元认知不同侧面发展趋势并不一致。在策略和监控两个重要的元认知要素上,表现出了随年级升高而提高的趋势。在自我认知、动机信念、计划维度上表现出了高低不均的发展过程,五年级偏低。在斯波林等人使用自编的适合小学生的元认知问卷测查结果中也得到类似结果。是实际情况如此,还是不同年级样本的问题,尚须进一步研究,尤其通过追踪研究去验证。

对于元认知发展方面一些研究得到的一些不一致结论,我们认为研究工具是导致差异的一个重要的因素。早在1995年,施瓦和莫斯曼等人就曾使用三种不同理论层次划分个体元认知知识水平:静默的理论(tacit theories)、非正式的理论、正式的理论。因而对于处于不同元认知水平和发展阶段的个体,应该使用不同的工具测查,使用同一工具测查是不恰当的。不少研究者的被试年龄(年级)跨度很大,但却使用同一工具,因而可能会得到一些不一致的结论。此外不同工具测查重点也不相同,而元认知不同侧面可能有着不同的发展轨迹,因而会出现一些不一致的结果。

学习不良儿童在四至六年级这一阶段上,没有表现出年级差异,也就是说各个年级所处水平接近。普通儿童群体到六年级表现出的元认知增长在学习不良儿童群体上没有表现出来。从《儿童元认知问卷》总分来看,学习不良儿童组、普通儿童组、成绩优秀组呈由低向高的排列。这些研究结果显示学习不良儿童元认知水平发展表现出相对落后和迟缓。

第二节　三类儿童元认知发展水平比较研究

一、问题提出

对学习不良儿童而言,尽管不少研究显示他们在元注意、元记忆、理解监控等方面存在问题或缺陷,但有关学习不良儿童元认知整体发展趋势方面的系统研究还较少。本研究将研究对象确定为小学高年级,因为这一阶段很可能是学习不良儿童与普通儿童元认知发展开始表现出差距并逐渐拉开的时期。从学习不良诊断的角度考虑,国内外实践经验都表明学习不良一般要等到小学三年级或三年级之后才能真正被确认。基于以上分析和认识,研究以小学四至六年级儿童为对象,通过与同龄对照组儿童的比较,揭示这一年龄阶段学习不良儿童元认知的发展特点、过程与规律。研究的基本假设为:小学高年级学习不良儿童元认知发展水平落后于同年级普通儿童、学优儿童,元认知各个维度上不同年级表现出的差异不同。

二、研究方法

(一)被试选取

根据学习不良的操作性定义,从三所普通小学 827 名四至六年级学生中筛选得到学习不良学生 96 人(男 79 人,女 17 人),同时请班主任教师在班级内对应学习不良儿童人数,推荐成绩优秀学生构成优秀生对照组,共 91 人(男 45 人,女 46 人)。此外,再随机选取学生 233 人(男 154,女 79 人)作为普通儿童对照组。全部被试共计 420 人。

从年级角度看,本研究被试中四年级 134 人(男 94 人,女 40 人),其中学习不良儿童 33 人;五年级 145 人(男 90 人,女 55 人),其中学习不良儿童 31 人;六年级 141 人(男 94 人,女 47 人),其中学习不良儿童 32 人。

(二)测量工具

作者编制修订的《儿童元认知问卷》。

三、研究结果

(一)学习不良儿童与非学习不良儿童元认知发展的差异

1. 学习不良儿童与成绩优秀儿童、普通儿童元认知发展水平的整体差异

《儿童元认知问卷》总分反映了个体元认知整体水平,各个分维度则反映了元认知不同侧面的特点。对不同组别儿童元认知问卷总分和各个维度得分进行比较,结果如下:

表4-7 不同组别元认知问卷及分维度得分

项目	组别	人数	平均数	标准差
总分	1	96	98.93	20.78
	2	232	112.46	17.43
	3	90	118.30	15.82
自我认知	1	96	17.62	3.52
	2	233	19.73	3.48
	3	91	20.64	3.41
动机信念	1	96	16.07	4.48
	2	233	19.04	3.86
	3	91	20.33	3.18
策略	1	96	16.36	4.03
	2	232	18.35	3.89
	3	91	19.15	3.58
计划	1	96	17.36	4.24
	2	233	19.55	3.71
	3	91	20.56	3.22
监控	1	96	14.92	4.21
	2	233	16.67	3.72
	3	90	17.86	3.49
调节	1	96	16.59	4.17
	2	233	19.20	3.67
	3	91	19.84	3.52

注:1-学习不良组;2-普通儿童组;3-成绩优秀组。下同。

为了使上表数据结果更为直观,绘制出三组儿童问卷分维度得分的直方图如下:

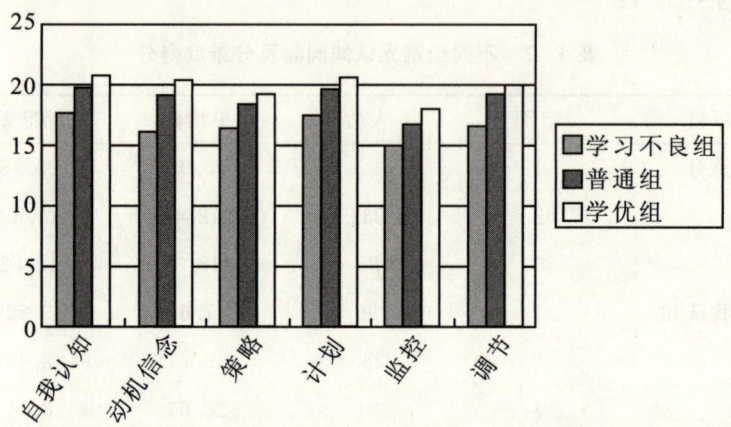

图 4-1 三组儿童元认知问卷分维度得分平均数的比较

表 4-8 不同组别儿童元认知问卷总分及分维度得分的单因素方差分析

项目	变异来源	平方和(SS)	自由度(df)	均方	F 值	显著性
总分	组间	19220.40	2	9610.20	29.88	0.00
	组内	133491.00	415	321.67		
	总和	152711.40	417			
自我认知	组间	469.32	2	234.66	19.41	0.00
	组内	5040.19	417	12.09		
	总和	5509.51	419			
动机信念	组间	929.46	2	464.73	30.87	0.00
	组内	6277.25	417	15.05		
	总和	7206.71	419			

(续表)

项目	变异来源	平方和(SS)	自由度(df)	均方	F 值	显著性
策略	组间	404.75	2	202.37	13.59	0.00
	组内	6195.10	416	14.89		
	总和	6599.85	418			
计划	组间	517.70	2	258.85	18.49	0.00
	组内	5838.43	417	14		
	总和	6356.13	419			
监控	组间	412.82	2	206.41	14.34	0.00
	组内	5987.67	416	14.39		
	总和	6400.48	418			
调节	组间	601.03	2	300.51	21.29	0.00
	组内	5885.20	417	14.11		
	总和	6486.23	419			

上表结果显示，元认知问卷总分以及各分维度得分之间均存在显著的组间差异。进一步使用谢弗(Scheff)法进行事后检验得到结果如下：在总分、动机信念、调节上，学习不良组得分显著低于普通儿童组和成绩优秀组，后两者之间无显著差异；在自我认知、策略、计划、监控上学习不良儿童组得分显著低于普通儿童组和成绩优秀组，普通儿童组显著低于成绩优秀组，三组间呈梯度排列。

为了揭示不同年级学习不良儿童与一般儿童、成绩优秀儿童之间具体差异情况，深入了解差异随年级变化的规律，以下对三个年级三组被试间的差异进行了分别考察。

2. 四年级学习不良儿童与成绩优秀儿童、普通儿童元认知发展水平的差异

表4-9 四年级不同组别《儿童元认知问卷》总分及分维度得分与标准差

项目	学习不良组($n=33$)	普通儿童组($n=70$)	成绩优秀组($n=31$)
总分	102.94±22.54	108.74±19.72	123.61±13.50
自我认知	18.03±3.87	20.01±3.76	22.10±2.50
动机信念	16.76±4.76	18.87±4.41	21.10±3.19
策略	17.21±4.06	16.94±4.25	19.52±3.82
计划	18.12±4.17	19.36±3.87	21.90±2.86
监控	15.55±5.04	15.26±4.40	18.41±3.41
调节	17.27±4.52	18.30±4.14	20.58±3.99

表4-10 四年级不同组别《儿童元认知问卷》总分及分维度得分的单因素方差分析

项目	变异来源	平方和(SS)	自由度(df)	均方	F值	显著性
总分	组间	7424.27	2	3712.13	10.01	0.00
	组内	48556.61	131	370.66		
	总和	55980.87	133			
自我认知	组间	264.33	2	132.164	10.57	0.00
	组内	1638.67	131	12.51		
	总和	1903.00	133			
动机信念	组间	300.97	2	150.48	8.30	0.14
	组内	2372.61	131	18.11		
	总和	2673.58	133			
策略	组间	149.00	2	74.50	4.41	0.00
	组内	2211.03	131	16.88		
	总和	2360.04	133			
计划	组间	240.51	2	120.25	8.60	0.00
	组内	1832.30	131	13.98		
	总和	2072.81	133			

(续表)

项目	变异来源	平方和(SS)	自由度(df)	均方	F 值	显著性
监控	组间	226.42	2	113.21	5.94	0.00
	组内	2497.10	131	19.06		
	总和	2723.52	133			
调节	组间	185.96	2	92.98	5.26	0.01
	组内	2316.79	131	17.69		
	总和	2502.75	133			

由上表可知,除动机信念分维度外,四年级三组儿童在元认知总分和其他分维度得分上均存在显著差异。对于存在差异的维度进一步进行了多重比较,结果如下:

表 4-11 四年级学生组间多重比较(Dunnett 法)结果

项目	组别(I)	组别(J)	平均数差（I-J）	标准误	显著性
总分	2	1	5.80	4.07	0.13
	3	1	20.67	4.82	0.00
自我认知	2	1	1.98	0.75	0.01
	3	1	4.067	0.88	0.00
策略	2	1	−0.27	0.87	0.77
	3	1	2.30	1.03	0.00
计划	2	1	1.24	0.79	0.10
	3	1	3.78	0.94	0.00
监控	2	1	−0.29	0.92	0.77
	3	1	2.87	1.09	0.01
调节	2	1	1.03	0.89	0.20
	3	1	3.31	1.05	0.00

上表采用多重比较中的邓尼特(Dunnett)法,以学习不良儿童为标准,分别将普通儿童组和成绩优秀组儿童元认知总分与分维度得分进行比较,结果表明:四年级学习不良儿童与普通儿童差异在自我认知维度上达到显著,在总分以及动机信念、策略、计划、监控、调节等维度上不显著;学习不良儿童组与成绩优秀组儿童的差别则在总分及自我认知、策略、计划、监控、调节等分维度上均显著。

3. 五年级学习不良儿童与成绩优秀儿童、普通儿童元认知发展水平的差异

表 4-12　五年级不同组别《儿童元认知问卷》总分及分维度得分与标准差

项目	学习不良组($n=31$)	普通儿童组($n=84$)	成绩优秀组($n=30$)
总分	98.23±19.39	110.02±17.62	113.43±17.08
自我认知	17.55±3.63	18.98±3.71	19.43±3.75
动机信念	17.03±4.05	18.21±3.93	19.43±3.29
策略	16.00±4.06	18.58±3.61	19.13±3.16
计划	16.39±4.58	18.71±3.94	19.43±3.33
监控	14.97±2.93	16.31±3.14	17.07±3.51
调节	16.29±3.89	19.23±3.36	18.93±2.80

表 4-13　五年级不同组别《儿童元认知问卷》总分及分维度得分的单因素方差分析

项目	变异来源	平方和(SS)	自由度(df)	均方	F 值	显著性
总分	组间	4185.06	2	2092.53	6.53	0.00
	组内	45500.74	142	320.43		
	总和	49685.79	144			
自我认知	组间	63.03	2	31.52	2.30	0.10
	组内	1945.00	142	13.70		
	总和	2008.03	144			

(续表)

项目	变异来源	平方和(SS)	自由度(df)	均方	F 值	显著性
动机信念	组间	87.90	2	43.95	2.99	0.05
	组内	2086.48	142	14.70		
	总和	2174.37	144			
策略	组间	188.08	2	94.04	7.15	0.00
	组内	1867.88	142	13.15		
	总和	2055.96	144			
计划	组间	165.76	2	82.88	5.25	0.01
	组内	2241.87	142	15.79		
	总和	2407.63	144			
监控	组间	70.55	2	35.28	3.49	0.03
	组内	1434.79	142	10.10		
	总和	1505.34	144			
调节	组间	201.09	2	100.54	8.83	0.00
	组内	1616.96	142	11.39		
	总和	1818.04	144			

由上表可知,除自我认知和动机信念分维度外,五年级三组儿童在元认知总分和其他分维度得分上均存在显著差异。对于存在差异的维度进一步进行了多重比较,结果如下:

表 4-14 五年级学生组间多重比较(Dunnett 法)结果

项目	组别(I)	组别(J)	平均数差(I-J)	标准误	显著性
总分	2	1	11.80	3.76	0.00
	3	1	15.21	4.58	0.00

(续表)

项目	组别(I)	组别(J)	平均数差（I-J）	标准误	显著性
策略	2	1	2.58	0.76	0.00
	3	1	3.13	0.93	0.00
计划	2	1	2.33	0.84	0.01
	3	1	3.05	1.02	0.00
监控	2	1	1.34	0.67	0.04
	3	1	2.10	0.81	0.01
调节	2	1	2.94	0.71	0.00
	3	1	2.64	0.86	0.00

由上表可知，五年级学习不良儿童在元认知总分以及策略、计划、监控、调节四个分维度上，均显著低于普通儿童组和成绩优秀组。

4. 六年级学习不良儿童与成绩优秀儿童、普通儿童元认知发展水平的差异

表4-15 六年级不同组别《儿童元认知问卷》总分及分维度得分与标准差

项目	学习不良组($n=32$)	普通儿童组($n=78$)	成绩优秀组($n=29$)
总分	95.47±20.12	118.42±13.18	117.66±15.52
自我认知	17.25±3.08	20.27±2.82	20.33±3.44
动机信念	14.44±4.24	20.06±2.99	20.43±2.93
策略	15.84±3.96	19.37±3.50	18.80±3.79
计划	17.53±3.92	20.59±3.05	20.30±3.04
监控	14.22±4.35	18.32±2.99	18.07±3.52
调节	16.19±4.10	19.97±3.39	19.97±3.55

表 4-16 六年级不同组别《儿童元认知问卷》总分及分维度得分的单因素方差分析

项目	变异来源	平方和(SS)	自由度(df)	均方	F值	显著性
总分	组间	12757.38	2	6378.69	26.56	0.00
	组内	32667.56	136	240.20		
	总和	45424.94	138			
自我认知	组间	227.87	2	113.94	12.50	0.00
	组内	1258.08	138	9.12		
	总和	1485.96	140			
动机信念	组间	814.51	2	407.26	37.40	0.00
	组内	1503.92	138	10.90		
	总和	2318.44	140			
策略	组间	287.31	2	143.65	10.65	0.00
	组内	1847.23	137	13.48		
	总和	2134.54	139			
计划	组间	221.94	2	110.97	10.41	0.00
	组内	1471.31	138	10.67		
	总和	1693.25	140			
监控	组间	402.47	2	201.23	16.88839	0.00
	组内	1632.42	137	11.92		
	总和	2034.89	139			
调节	组间	354.39	2	177.20	13.72391	0.00
	组内	1781.79	138	12.91		
	总和	2136.18	140			

由上表可知,六年级三组儿童在元认知总分及各个分维度得分上均存在显著差异。进一步进行多重比较,结果如下:

表 4-17　六年级学生组间多重比较（Dunnett 法）结果

项目	组别(I)	组别(J)	平均数差 (I—J)	标准误	显著性
总分	2	1	22.95	3.25	0.00
	3	1	22.19	3.97	0.00
自我认知	2	1	3.02	0.63	0.00
	3	1	3.08	0.77	0.00
动机信念	2	1	5.63	0.69	0.00
	3	1	5.99	0.84	0.00
策略	2	1	3.53	0.77	0.00
	3	1	2.96	0.93	0.00
计划	2	1	3.06	0.68	0.00
	3	1	2.77	0.83	0.00
监控	2	1	4.10	0.72	0.00
	3	1	3.85	0.89	0.00
调节	2	1	3.79	0.75	0.00
	3	1	3.78	0.91	0.00

由上表可知，在儿童元认知问卷总分及各个分维度上，六年级学习不良儿童得分均显著低于普通儿童组和成绩优秀组。

三、分析与讨论

本研究比较了四至六年级学习不良、普通、成绩优秀三组儿童的元认知水平。从成绩优秀学生与学习不良儿童的对比来看，从四年级到六年级两组间都表现出了明显的差距。四、五年级仅在个别维度（四年级的动机信念维度，五年级的动机信念与自我认知维度）上没有差异，六年级则在自我认知、动机信念、策略、计划、监控、调节各个维度上全面表现出显著性差异，说明成绩优秀学生元认知发展比学习不良儿童起步早,水平高,差距可能在四年级之前就已经出现并迅速拉开。亚历山大等人(Alexander,Fabricius,etc.,2003)的一项有关元记忆发展的追踪研究表明,智力水平影响个体元认知理解水平的发展,高智商的个体元认知理解发展快而深入。这一结论对理解成绩优秀学生与学习不良学生的差异很有意义。因为尽管通过操作定义学习不良被试中排除了智力落后儿童,但整体上学习不良组平均智商并不高,而成绩优秀组平均智商很高。因此,我们推测成绩优秀儿童由于智商较高,所以元认知发展早而且迅速,因此导致目前得到的研究结果。当然,这种推测尚须进一步研究去证实。

　　从学习不良儿童与普通儿童的比较来看,四年级两组间仅在自我认知维度上存在显著差异,五年级则除了动机信念和自我认知外,策略、计划、监控、调节上差异全部显著,六年级则在各个分维度上表现出显著差异。从整个趋势看,四年级在个别维度上学习不良儿童组与普通儿童组表现出差异,五年级差异进一步扩大,六年级差异全面显著。

　　研究结果也出现了某些难以解释的地方,如两组儿童四年级自我认知纬度上表现出了差异,五年级却又差异不显著,六年级再度显著。因为本研究属于横断研究,因而大体趋势上反映出一些规律性的东西,但在这类细节问题解释上显得不如追踪研究清晰。

第三节 学习不良儿童策略信念与理解水平发展研究

一、问题与假设

(一)问题提出

对策略的理解与应用是元认知中的一个重要成分。不少研究者(Butler, 1998;Swanson,1990;Wong,1994,1991)指出,学习不良儿童很少能主动将新学到的策略、技能迁移和应用到新的、复杂的任务情景中去。伯克威斯凯等人(1989)曾提出三种可能的解释:其一,学习不良儿童对策略的理解没有能够达到足以迁移的程度;其二,学习不良儿童在可供利用的执行功能方面存在缺陷;其三,由于以往失败的经验,学习不良儿童不相信使用策略和不断付出努力会导致成功(下文中简称为"策略信念")。我们认为三方面因素都可能会起作用。策略的执行涉及脑生理机制方面的问题,本研究主要采用结构性访谈方法考察其他两个因素——策略信念和策略的理解水平在学习不良儿童与对照组儿童之间有无差异。

对于策略信念,以往有关学习不良儿童归因的研究有所涉及,但一般并未将策略单独作为一个归因要素明确出来,往往是隐藏在努力这个归因之中,没能很好地反映被试对策略在成功与失败中的价值和作用的认识。失败时做努力归因固然是一种积极的归因方式,但没有有效的策略与方法,仅靠盲目的努力往往也难以取得好的结果。学习不良儿童是否真正相信策略的合理使用(加上自己的努力)能够帮自己走向成功,可能是影响他们今后主动使用策略的一个重要因素。以往有关学习不良儿童归因的研究,多要求针对被试自身来回答问题,主要了解他们针对自己成功、失败的归因。本研究要求被试站在第三者角度上,对他人学业中成功与失败的事件的可能原因做出排序,以此控制自我价值保护偏见,了解学习不良儿童对学业成败的归因信念。

影响日后主动使用策略的另一因素是策略的理解水平。本研究借鉴亚历山大和施万恩弗鲁格(Alexander & Shwanenflugel)等人提出"具体策略的元认知因果解释(strategy-specific metacognitive causal explanation)"的概念和思想,对学习不良儿童策略的理解水平进行研究。亚历山大和施万恩弗鲁格等人(1996)认为,元认知包括三方面内容:关于心灵的概念信息(conceptual information about the mind)、认知监控(cognitive monitoring)、策略调节(strategy regulation)。关于心灵的概念信息(相当于元认知知识成分)被进一步区分为从一般到特殊的三类知识(Alexander,2003):心理活动的概念性知识、关于这些概念的一般描述性知识、具体策略的元认知因果解释。一些研究(Alexander & Shwanenflugel, 1994; Fabricius & Cavalier, 1989; Fabricius & Hagen,1984)显示:儿童对某一具体策略的元认知因果解释能对其日后的策略使用进行较为准确的预测。法布里修斯与卡瓦勒(Fabricius & Cavalier)等人认为,这种元认知因果解释使我们了解到儿童对具体策略为什么会起作用的理解和认识,只有儿童能够说出策略如何帮助他们进行有关的信息加工时,才可能在其他独立的场合有效使用该策略。

法布里修斯与卡瓦勒(1989)对儿童记忆的研究发现,儿童具体策略的元认知解释可分为两类:信息加工(IP)和信息获得(IA)。前者儿童认为记忆操作受到信息如何进行心理加工之影响;后者儿童认为记忆受到最初信息如何被知觉和获取之影响。研究者发现,拥有 IP 解释的儿童更可能在独立的、较高要求的任务中再次使用某种策略。亚历山大和施万恩弗鲁格(1994)研究发现,使用 IP 解释的儿童更多报告使用复杂记忆策略来提高其回忆成绩,但 IA 解释则没有显示出与策略有效使用的相关。IA 解释,相对于 IP 解释,被认为代表着对策略机制的低水平元认知理解。法布里修斯提出,儿童早期元记忆知识是基于信息是如何被知觉和获取而构建的,随着时间的推移,儿童对记忆的理解发展为关注信息是如何被加工的。这一发展趋势的假定得到亚历山大等人(2003)研究的证实。在对 42 名儿童的追踪研究中,6 岁时 27 人被确认为拥有 IA 解释,15 人被确认为拥有 IP 解释,到 9 岁时,确认为拥有 IA 解释的减少为 13 人,被确认为拥有 IP 解释的增加到 29 人。学习不良儿童在具体策略的元认知解释上与一般儿童是否存在差异,目前尚未见到这方面的研究,而这可能是影响学习不良儿童策略使用的一个重要因素。

(二)研究假设

本研究的两个假设是:第一,学习不良儿童对策略在成功和失败中作用的认识与一般儿童存在差异;第二,学习不良儿童在策略理解水平上与一般儿童存在差异,在元认知因果解释上更多采用信息获得的解释。

二、研究方法与程序

(一)被试

根据学习不良的入组标准,从某小学四、五、六年级选取学习不良学生 60 人(其中男 31 人,女 29 人。四、五、六年级各 20 人)为实验组,在各同年级对应班级内选取普通学生 60 人(其中男 39 人,女 21 人。四、五、六年级各 20 人)为对照组被试。

(二)方法

本研究采用情景任务与访谈结合的方法,分别评估被试的策略信念和策略理解水平。访谈时间每位被试20分钟左右,访谈中主试为经过培训的心理专业本科生或研究生,主试对被试组别(是否为学习不良学生)不知情。访谈结果的编码记分工作由两名心理学专业研究生根据记分编码表完成,评分者信度为0.96($n=15$)。

(三)评定

1. 策略信念的评定:

参照施内德等人(Schneider,1986)的问卷编制访谈提纲,设计八种与学业成败相关的不同任务情景(如课堂小测验、数学竞赛、朗诵比赛、期中考试等),其中四种为成功情景、四种为失败情景(详见本书附录5)。描述一个儿童在该情景下的成功或失败,之后研究者提供六种可能的原因解释(努力、能力、任务难度、运气、策略或方法、别人帮助),要求被试按自己认为的重要性程度排序。

2. 策略理解水平的评定:

①类型的评定:向被试提供一套包含16个词的卡片(详见本书附录6),16个词可分为4类(水果、动物、交通工具、家具),不同类词的卡片混放在一起,要求被试记忆,指导语"现在请你花一点时间记住卡片上的词汇,你可以想一些方法帮助你记忆,记得越快越准越好",研究者等待、观察被试的学习过程。当被试采用分类方法(或其他方法)组织学习卡片后,询问被试"为了帮助你自己记住这些卡片,你是怎样做的?"被试回答具体方法后,进一步询问:"为什么这样做(或这种方法)能帮助你记忆?"详细记录(录音)被试对问题的回答。依据判断标准和回答内容划分为不同类型(IP或IA解释)。

②量的评定:向被试展示4套形式不同但都包含同样12个词汇的学习材料(详见本书附录7):其一,学习材料不分组,随机循环排列;其二,按颜色随机分成了三组;其三,按语义分成三组;其四,随机(非语义)分三组。随机组合,每

次呈现2套给被试,指导语:"如果要求你学习记住这12个词汇,你认为这两种形式材料安排哪一种更容易记住?"被试回答后,进一步询问:"为什么这种好记",详细记录被试的回答。根据编码和记分原则记分。

③编码与记分

策略信念评定记分:根据被试对研究者提供的各种原因选项的排序,赋予每项归因内容不同的分数,排在第一的项目记6分,第二记5分,依次递减。

策略理解水平评定中IP和IA解释类型的判别(性质评定):如果被试的回答表明他认为记忆操作受内部信息加工的影响(如,这些全是生活用品,那些是交通工具,想到其中一件就能使我想起另一件或分类后意义联系增大,好像要记的东西少了等诸如此类的回答)就归为IP解释组;如果被试对组织策略的使用不能做出解释或解释中不涉及内部信息加工(如仅能回答出分了类,好记,不分类,难记),归为IA解释组。IP与IA类别判断过程由两名心理学专业研究生共同完成,一人判断,一人复查,判断结果不一致的再协商决定。

策略理解水平评定中量的评定:两两比较中,被试每判断正确一个得1分。给出适当合理解释得1分,总分10分(第二、四套材料之间比较和解释不计分)。

三、研究结果

(一)两组儿童成功与失败情景下归因项目等级排列的比较

分别计算两组儿童在两种情景下对六类归因项目的平均等级评价,结果如表4-18所示:

表 4-18　成功情景下两组儿童不同归因项目的等级评定与排列

项目	学习不良组		对照组	
	评价等级	排序	评价等级	排序
努力	4.90	1	5.08	2
能力	3.70	4	3.56	3
策略方法	4.25	2	5.23	1
任务难度	2.67	5	2.29	5
运气	1.71	6	1.50	6
他人帮助	3.79	3	3.35	4

上表结果显示:成功情景下学习不良儿童与对照组儿童对六个归因项目的排序存在一定差异。前者排序依次为:努力、策略方法、他人帮助、能力、任务难度、运气,后者排序依次为:策略方法、努力、能力、他人帮助、任务难度、运气。

表 4-19　失败情景下两组儿童不同归因项目的等级评定与排列

项目	学习不良组		对照组	
	评价等级	排序	评价等级	排序
努力	5.11	1	5.25	1
能力	3.23	4	3.06	3
策略方法	4.17	2	5.26	2
任务难度	3.04	5	2.98	4
运气	1.83	6	1.51	6
他人帮助	3.63	3	2.9	5

上表结果显示:失败情景下学习不良儿童与对照组儿童对六个归因项目的排序存在一定差异。前者排序依次为:努力、策略方法、他人帮助、能力、任务难度、运气,后者排序依次为:努力、策略方法、能力、任务难度、他人帮助、运气。

(二)不同组别、年级儿童元认知因果解释类型差异的比较

表 4-20　不同组别、年级被试 IP 解释与 IA 解释类型人数的差异

组别	年级		IA 解释	IP 解释
学习不良组	年级	4	17	3
		5	16	4
		6	13	7
	总数		46	14
对照组	年级	4	16	4
		5	9	11
		6	7	13
	总数		32	28

对上表分组进行 χ^2 检验,结果显示学习不良组儿童年级间无显著差异($\chi^2_{(2)}=2.42\ p>0.05$);对照组儿童年级间存在显著差异($\chi^2_{(2)}=8.97\ p<0.01$);两组被试整体间在两类解释上存在显著差异($\chi^2_{(1)}=7.18\ p<0.01$)。

(三)不同组别、年级儿童策略理解得分的比较

以评定总分为因变量,进行组别、年级的方差分析,结果如下:

表 4-21　策略理解得分的组别×年级的方差分析

来源	平方和	自由度	均方	F 值	显著性
组别	151.88	1	151.88	34.74	0.00
年级	33.87	2	16.93	3.87	0.02
组别 * 年级	1.80	2	0.90	0.21	0.81
误差	498.45	114	4.37		
总和	6835	120			

由上表可知,在策略理解得分上,学习不良儿童与对照组儿童之间存在显著差异,学习不良组儿童低于对照组儿童($M_{LD}=6.03\ SD_{LD}=2.44; M_{NLD}=8.28\ SD_{NLD}=1.76$)*;年级间也存在显著差异,事后比较(Scheffe 法)发现,差异表现在四年级与六年级被试之间($M_{四}=6.53\ SD_{四}=2.39; M_{五}=7.13\ SD_{五}=2.63; M_{六}=7.83\ SD_{六}=2.02$)。

四、分析与讨论

(一)学习不良儿童的策略信念以及对不同归因项目的价值认识

本研究采用提供各种归因项目让被试按照重要性等级进行排序的方法,考察了学习不良儿童对策略方法在学业成败中重要性的认识。结果表明在对他人成败原因评定中,学习不良儿童在成功与失败两种情景下对不同项目次序排列无差异。努力排在第一位,策略方法排在第二位。对照组普通儿童则在成功情景下,策略方法排在第一位,努力排在第二位;失败情景下,努力在第一位,策略方法在第二位。由此反映出两组间对策略方法重要性的不同信念主要体现在成功情景下,普通儿童认为策略方法是最重要的因素,学习不良儿童认为是次重要的因素。这一结果基本上与我们的研究假设一致。

除了策略方法与努力排列的差异之外,成功情景下学习不良儿童与对照组其他归因项次序的排列差异反映在他人帮助与能力上,学习不良组儿童将他人帮助排列在第三位,能力在第四位,对照组儿童相反。这一差异反映出学习不良儿童对他人(家长)帮助的依赖性较高。普通儿童则认为能力相对他人帮助更为重要,反映出较积极的归因倾向。在失败情景下,两组前两项及最后一项排列次序相同,中间三项差异较大。学习不良组次序为他人帮助、能力、任务难

---

* LD 表示学习不良儿童,NLD 代表非学习不良儿童,下同。

度;对照组为能力、任务难度、他人帮助。再次反映出学习不良儿童对他人较高的依赖性。

以往对学习不良儿童归因方面的研究(Pearl,1992;Kistner,Osborne,Le-Verrier,1988),多显示学习不良者倾向于对失败进行内部归因,对成功进行外部归因。他们在成功时更愿意相信是因为某人对他们好或任务简单所致,而失败时他们更倾向于相信是自己不聪明所致。而非学习不良儿童倾向于对成功进行内部归因,将学业失败更多地归因于缺乏努力。在本研究结果并没有表现出以上趋势,这可能是由于两方面原因所致:其一,方法上的差异,本研究采用的是对他人成败原因排序法,以往研究(如,俞国良、王永丽2004)更多要求被试联系自身情况回答问题。其二,小学四至六年级学习不良儿童的归因风格还没有形成和固定下来,而且当前先进的教育心理思想在学校中的普及也会对个体成败归因倾向产生较大影响。

(二)学习不良儿童的策略理解水平

元认知因果解释反映了儿童对某一策略为什么会起作用和如何起作用的理解。法布里修斯等人最早对这种元认知解释进行了研究并发现,只有在那些能够用语言说出某一策略如何帮助他们进行信息加工的儿童身上才观察到主动在其他各种不同情景中使用该策略,元认知因果解释是预测某种策略在日后是否被使用的有效指标。本研究正是借鉴了Fabricius等人的框架体系和方法对学习不良儿童的策略理解水平进行研究。不同之处是,我们既进行了解释类型的划分,又进行了量的评定。

本研究发现,儿童元认知因果解释呈现随年级升高IP解释者增多,IA解释者减少的总体趋势,这与Alexander等人追踪研究得到的儿童元认知因果解释随年龄变化的趋势相一致。说明儿童随年龄的增长,元认知知识不断增加,逐渐不单纯了解策略,知道策略有用,而且能够对策略起作用的机制原理有所了解。

从两组整体情况来看,学习不良组中对分类策略能做出 IP 解释的人数明显少于对照组普通儿童。在普通儿童组,IP 解释人数随年级增长而有较明显的增加。学习不良组儿童中,尽管 IP 解释人数也有增加,但达不到统计显著水平,即没有表现出明显的随年级升高而增加的趋势。说明学习不良儿童对策略为什么起作用的理解认识水平较低,尽管可能也知道一些方法,偶然也会用,但因不了解其所以然,所以做不到在不同情景中去主动迁移。访谈中他们一些人不能给出任何解释,还有一些人给出原地循环的解释(如"为什么分类能帮助你记忆?""因为分了类,好记")。与学习不良儿童对应,一些高年级普通儿童能够给出较深入的解释(如"分了类,就有线索","分类后同类东西在一起,回忆时想起一个就会接着想到另一个","分类后好像要记的东西少了,记住大类就记住了"等等)。

策略理解评定得分的差异,进一步证明学习不良儿童策略理解水平与对照组普通儿童的差异。访谈中发现学习不良儿童对一些存在明显差别的策略方法(如分类和整体识记)能加以区分,但对一些差别不太明显的策略方法(如整体识记与不按意义分组、不按意义的等项目分组与按照意义的非等项目分组)表现出犹豫不决,难以判断。此外,很多学习不良儿童即使判断正确,但不能给出合理理由。

(三)小结

本研究发现:(1)在成功情景下,学习不良儿童与对照组儿童对努力和策略所起作用的认识不同,前者认为努力最重要,后者认为策略最重要,由此反映出学习不良儿童与对照组儿童在策略信念上的差异。(2)学习不良儿童组元认知因果解释中持 IP 解释人数相对较少,且没有表现出随年级升高而增加的趋势;对照组持 IP 解释者相对较多,表现出随年级升高逐渐增加的趋势。(3)在策略理解的评定得分上,学习不良儿童显著低于对照组儿童,年级间差异显著。

第四节 学习不良儿童元认知静态成分发展规律

一、研究的基本结论

通过本章第一节至第三节提供的三个研究,对于学习不良儿童可以得到一些有价值的结论,概括如下:

首先,整体上学习不良儿童元认知发展水平落后于对照组儿童。学习不良儿童、普通儿童、成绩优秀儿童三组元认知问卷总分与各个分维度得分基本上是一种阶梯上升趋势,这既验证了我们的基本假设,也暗示了元认知对学生学业成就的高低有着重要影响,坚定了我们从元认知角度进行教育干预的信心;

第二,通过不同年级、不同组别差异的比较表明:学习不良儿童与一般儿童元认知发展的差距是在小学高年级阶段出现并拉开距离,即四至六年级是学习不良儿童与一般儿童元认知发展差距从出现到全面拉开的过渡期。这一结论支持了旺(Wong,1991)所主张的"元认知缺陷在学习不良儿童身上是一种二级缺陷(second-order deficits)而非原发问题(primary problem)"的观点,同时从基础研究方面为对学习不良儿童实施及时的、针对性的教育干预提供了依据。

第三,从元认知知识的不同成分来看,不同性质的成分在学习不良儿童与对照组儿童间差异表现不同。量表的六个分维度可以大体分为两类:动机信念和元认知技能性知识(自我认知、策略、计划、监控、调节等)。动机信念维度，四、五年级该维度上学习不良儿童与成绩优秀对照组和普通对照组之间均不显著，六年级两个对照组差异均显著。因此，可以认为与元认知其他维度相比，学习不良儿童在学习动机、兴趣与信心方面与对照组之间的差异出现的较晚。在元认知技能性知识方面，学习不良儿童与成绩优秀儿童四年级时就已表现出差异，与普通儿童则从五年级开始迅速表现出全面差异。综合地看，学习不良儿童与对照组儿童元认知技能性知识差异表现在先，动机信念差异表现在后。从逻辑上推演，可能的解释是：元认知技能差异影响并加大学业成绩差异，失败经历的重复不断挫败学习不良儿童的信心、兴趣，最终到高年级后表现出动机减退、信心不足、效能感低的结果。

策略方面的知识(如策略的含义、策略的有效选择与使用等)是从静态角度研究元认知时普遍受到研究者重视的一个成分。学习不良儿童为什么有时拥有某些策略的知识，但面对任务时却不能激活这些知识、有效使用策略？为寻找这一被弗拉维尔称为"生成缺陷"(production deficiencies)问题的答案，静态研究中采用访谈法对学习不良儿童策略信念与策略理解水平进行了考察。综合这一研究的结果来看，尽管学习不良儿童与对照组儿童间在策略信念上存在一些差异，但差异远不如两组间在具体策略理解水平上表现出的差异明显。因此我们认为，相对而言，学习不良儿童难以将新学到的策略技能迁移应用到新情景中的主要原因在于其对策略理解与掌握水平的不足。他们对策略的理解水平比同龄一般儿童低，即使到了小学高年级也很少有人能达到既"知其然"又"知其所以然"，难以达到促进迁移的程度。这种理解与掌握水平的不足可能是由于他们认知过程某方面的缺陷影响其对策略的学习所造成的。

二、四至六年级学习不良儿童元认知基本特点

综合以上研究结果,我们对四至六年级学习不良儿童元认知基本特点得到如下认识:学习不良儿童对自己的认知特点、影响学习的因素了解不多;对学习方法和策略的理解、认知和使用不足;学习中目标意识、计划性较差;较少采用自我提问、自我测验等策略监督检查自己的学习、理解情况;自我反思能力,从成败中总结经验指导今后学习活动的能力较弱。

第五章 儿童元认知动态成分的发展与比较研究

元认知静态成分研究主要围绕个体对自己的元认知能力的知觉展开,多是对元认知的间接测量。但对自身元认知能力的知觉与个体真实的元认知能力之间可能存在差距,例如贾斯蒂斯(Justice,1997)和科瑞特(Koriat,2001)等人使用直接测量的方法发现个体的元认知能力随年龄的提高而提高,埃克尔斯(Eccles,1989)和严芳(Yan Fung,2004)等人使用间接测量的方法发现个体元认知能力随年龄增加反而呈现出了下降趋势,研究方法极有可能是造成以上结论不一致的一个主要因素,因为个体元认知能力有一个从外显到内化,从有意识尝试使用到自动化的发展过程。为了考察小学高年级儿童元认知能力发展的实际水平,了解在他们身上元认知监测与控制的动态过程,本章将介绍采用认知心理学家使用的元认知实验研究范式,对元认知动态成分展开的两项研究。

第一节 学习不良儿童与普通儿童元记忆监测与控制的比较

一、问题与假设

(一)问题提出

元记忆是元认知活动的一种具体形式,是指个体对自己记忆活动的认知以及对记忆过程的监控。根据奈尔森和纳若斯(Nelson & Narens,1990,1994)提出的框架,元记忆回溯性地和前瞻性地监控着记忆系统,前瞻性地监控包括:(1)难度判断(EOL),即对所要学习材料的难易程度所做出的预见性判断;(2)学习判断(JOL),即对当前学习材料在今后测验中成绩的预见性判断。回溯性监控发生在提取活动之后,比如:(1)知晓感(FOK),对当前回忆不出,但认为能够再认的材料的预见性判断;(2)自信度的判断(JOC),即回忆和再认正确性把握程度的判断。有效的元认知监控是成功完成认知任务的决定性因素,例如学生学习一篇课文的时候,他会首先判断课文的难度(EOL 判断),在此基础上分配学习时间,选择适当策略。经过一段时间学习之后,判断掌握是否充分(JOL 判断),基于此,决定是否继续学习,是否调整策略,最后,在考试时,如果他遇到不能回忆起的问题,但感觉知道或应该知道(FOK 判断),这种判断会影响其付出多大努力和是否继续回忆,考试之后进行的信心判断(JOC)。有时学生在校学习的失败是因为他们不懂得也无人指导他们有效地使用这些元认知监控技能。

研究表明,具有高元认知能力的个体能很好地完成问题解决任务(Swanson,

1990),能有效地选择和使用阅读策略(Paris,Cross & Lipson,1984)以及完成与记忆类似学习任务(Hunet & Marine,1997)。这些研究揭示,具有高元认知能力的个体能够进行较好的元认知判断,这些判断帮助他们更好地完成任务。

在EOL判断中一些有关发展方面的研究显示,学前和幼儿园儿童常在EOK判断中高估其操作,小学生的判断趋近准确(Schneider,1986;Worden & Sladewski-Awig,1982)。另一些研究则发现,幼儿对熟悉任务的预测要比那些不熟悉的、实验室情景中的任务的预测准确得多(Schneider,1998),使用非语言的测验时幼儿预测的准确性也有明显提高(Cunningham & Weaver,1989),在预测其他幼儿时的准确性比预测自己要高(Schneider,1998)。为什么幼儿会高估自身的操作成绩?新近的一些研究似乎显示这与他们所持有的努力对操作的影响效果的信念相关(Vise & Schneider,2000)。概括地讲,有关研究表明,在小学低年级,儿童已经能够较准确地进行EOK判断,随着年级的增长,在EOK判断准确性方面提高不大(Pressley & Ghatala,1990)。

有关JOK方面的发展性研究较少。普瑞斯利等人(Pressley,Levin,Ghatala & Ahmad,1987)比较了7岁和10岁儿童对整个词表和单个项目掌握情况的预测,发现:年长儿童比年幼儿童预测地更为准确,对整个词表的预测与对单个词的预测准确性并不统一,对整个词表掌握情况预测准确的学生未必对单个项目也预测准确,反之亦然。奈尔森等人在成人身上发现了延迟JOK效应后,施内德(Schneider,2000)探察了这一效应在儿童身上是否同样存在,他们以6、8、10岁儿童为研究对象发现,延迟JOK效应在三个儿童组中都存在,即在学习之后延迟30秒钟判断比学完之后立即判断准确性增加。在逐个项目判断时要比整体判断时有自信,年长儿童的判断模式非常接近成人。总之,研究显示儿童在学习完成之后对自己记忆操作的判断能力在小学阶段逐渐提高,即使年幼儿童如果给予延迟后的判断,他们也有能力监控自己的操作。

有关 FOK 的发展趋势方面,有研究(Wellman,1977; Zabrucky and Ratner,1986)显示,FOK 判断方面的准确性从儿童到青少年不断提高。但发展模式并不完全清楚,存在一些不一致的研究结果。如,巴特菲尔德等人(Butterfield, Nelson & Peck)的一项研究结果显示,6 岁组儿童 FOK 判断要比 10 岁、18 岁组更准确,这一发现与其他研究者的结论并不吻合。在洛克、施内德所做的一项对 7、8、9、10 岁儿童 FOK 研究中,也没有发现明显的发展趋势,他们的研究还显示,美国与德国一年级学生 FOK 准确性方面存在很大差异。FOK 发展究竟是否存在规律性趋势,这些不一致结果如何得到统一的解释,这些都有待于深入研究。

学习不良儿童记忆监控的研究尚待开展,学习不良儿童是否在反映元认知监测的记忆判断方面与一般儿童存在差异?他们的元记忆判断表现出哪些特点?至今还缺少有关这方面的深入系统研究。

元记忆监控方面的研究从时间安排角度看主要有两种实验条件:一种是由研究者设定固定的学习时间(他定步调的学习);第二种为学习者自由支配学习时间(自定步调的学习)。本研究研究第一种条件下,学习不良儿童元记忆判断的特点。

(二)研究假设

本研究假设为:学习不良与一般儿童在 EOL、JOL、FOK 判断上存在组间差异,学习不良组与同年级普通学生组相比,监测水平较差,同时回忆正确率较低。

二、研究方法与程序

(一)研究方法

1. 被试

根据学习不良的入组标准,从某小学四、五、六年级选取学习不良学生61人(其中男50人,女11人。四年级21人,五、六年级各20人)为实验组,在各同年级对应班级内选取普通学生60人(其中男38人,女23人。四年级21人,五、六年级各20人)为对照组被试。

2. 材料与工具

测验程序A:请计算机专业人员使用C语言编制。识记材料为中文"线索—目标"词对,共21对词对(详见本书附录8)。词对均为双字具体名词,所涉及的字均是在现行小学语文教材中一、二年级要求掌握的。词对难度人为控制三个级别:容易——两个词之间有一定联系(种概念名词和属概念名词),如二胡—乐器;中等——两个词之间无联系,如,孩子—山泉;困难——两个词中后一词为假词(双字词两字顺序颠倒),如,楼梯—花桃。事先采用三级评定法在五年级学生($n=44$)中对词对三组难度进行验证性测查,结果表明:容易组($M=1.38\ SD=0.37$)、中等组($M=1.7\ SD=0.40$)、困难组($M=1.88\ SD=0.43$)难度评定得分差异显著($F_{(2,36)}=13.12\ p<0.01$)。

(二)研究程序

整个实验采用2(实验组、对照组)×3(年级)×3(材料难度)混合设计。实验程序过程为:练习之后,要求被试学习一组配对词,完成回忆测验。其间在不同阶段要求被试做出相应元记忆判断。整个过程通过计算机程序控制,每个被试需20分钟左右完成实验。

具体步骤如下：

1. 练习　向被试解释计算机程序如何操作，使被试了解、熟悉任务要求。

2. EOL 判断　正式实验开始，说明任务要求后，请被试逐一判断显示在计算机屏幕的词对记忆的难易程度（三等级：容易、中等、困难），词对由程序控制随机呈现，每一词对显示 3 秒钟后消失，被试的判断不限时，只有做出判断后，计算机才显示下一词对。

3. 学习阶段　要求被试尽可能多地记住这些词对，屏幕上自动每次随机显示两组词对，持续 10 秒钟，整个学习过程中每个词对均在屏幕出现两次。

4. JOL 判断　要求被试逐一判断对每个词对的学习掌握程度（六个等级：完全未掌握——0%、基本未掌握——20%、可能未掌握——40%、可能掌握——60%、基本掌握——80%、完全掌握——100%），每个词对显示 3 秒钟后消失，被试的判断不限时，只有做出判断后，计算机才显示下一词对。

5. 回忆测验　计算机屏幕呈现一屏简单的数学加减法题目，要求被试口算结果，然后进行回忆测验，计算机屏幕显示线索词要求被试报告目标词，由主试负责录入。被试回答不限时，但要求其不要过于拖延时间。

6. FOK 判断　对于被试不能回忆出的目标词，可按提示键，屏幕首先显示"如果给出答案，你能识别的把握有多大？"要求被试进行四个等级的判断（不能识别、可能能识别、基本能识别、完全能识别）。

7. 再认测验　FOK 判断后，屏幕呈现包括目标词在内的六个被选词，要求被试识别目标词。

实验过程中程序自动记录被试的 EOL、JOL、FOK 判断等级以及回忆和再认正确性。

三、研究结果

(一)学习不良儿童与普通儿童 EOL 判断等级的比较

以被试对同一级别难度词对 EOL 判断均值为因变量,进行 2(组别)×3(年级)×3(材料难度)重复测量的方差分析,结果如下:

表 5-1　EOL 判断重复测量的方差分析

来源	平方和	自由度	均方	F 值	P 值
材料性质	10.20	2	5.10	49.99	0.00
材料性质 * 组别	0.39	2	0.19	1.91	0.15
材料性质 * 年级	0.43	4	0.11	1.06	0.38
材料性质 * 组别 * 年级	0.51	4	0.13	1.26	0.29
E(材料性质)	23.66	232	0.10		
组别	0.43	1	0.43	0.93	0.34
年级	3.21	2	1.11	2.37	0.10
组别 * 年级	4.76	2	2.38	5.11	0.01
E(组别与年级)	54.04	116	0.47		

由上表可见,在固定学习时间条件下,在对不同难度的单个词对学习难易程度判断上,学习不良组与普通儿童组之间无显著差异,年级间也无显著差异。材料性质主效应显著,事后比较发现:显著性差异表现在容易词对与中等词对、容易词对与困难词对之间,中等词对与困难词对间差异不显著。对组别与年级交互作用进一步分析表明,在学习不良组 EOL 等级评定上,六年级最高,五年级次之,四年级最低;在普通儿童组则为五年级最高,四年级次之,六年级最低。

(二)学习不良儿童与普通儿童 JOL 判断等级的比较

以被试对同一级别难度词对 JOL 判断均值为因变量,进行 2(组别)×3(年

级)×3(材料难度)重复测量的方差分析,结果如下:

表 5-2 JOL 判断重复测量的方差分析

来源	平方和	自由度	均方	F 值	P 值
材料性质	30.09	2	15.04	60.98	0.00
材料性质*组别	1.06	2	0.53	2.15	0.12
材料性质*年级	1.57	4	0.39	1.60	0.18
材料性质*组别*年级	0.96	4	0.24	0.97	0.42
E(材料性质)	57.23	232	0.25		
组别	19.20	1	19.20	8.12	0.005
年级	120.94	2	60.47	25.57	0.00
组别*年级	5.35	2	2.67	1.13	0.33
E(组别与年级)	274.32	116	2.37		

由上表可知,在 JOL 判断方面,材料性质、组别、年级间均存在显著差异;三者间交互作用均不显著。各变量的描述统计量如下:

表 5-3 两组被试在不同难度材料上 JOL 的判断等级

材料性质		学习不良组			普通儿童组		
		四年级	五年级	六年级	四年级	五年级	六年级
容易	M	5.28	3.87	4.96	5.78	4.75	5.40
	SD	0.74	1.46	0.94	0.34	1.14	1.22
中等	M	5.16	3.33	4.24	5.19	3.97	4.72
	SD	0.69	1.16	0.96	0.66	0.95	1.09
困难	M	5.05	3.23	4.25	5.04	3.99	4.65
	SD	0.84	1.17	1.04	0.65	0.89	1.09

事后比较结果显示:学习不良组 JOL 判断等级显著低于普通儿童组;材料

性质间显著差异存在于容易词对组和中等、困难词对组之间;年级间两两差异显著,四年级判断等级较高,五年级较低,六年级居中。

(三)学习不良儿童与普通儿童 FOK 判断等级的比较

以被试对同一级别难度词对 FOK 判断均值为因变量,进行 2(组别)×3(年级)×3(材料难度)重复测量的方差分析,结果如下:

表 5-4 FOK 判断重复测量的方差分析

来源	平方和	自由度	均方	F 值	P 值
材料性质	1.69	2	0.84	0.99	0.38
材料性质*组别	4.96	2	2.48	2.91	0.60
材料性质*年级	0.56	4	0.14	0.16	0.96
材料性质*组别*年级	2.14	4	0.54	0.63	0.64
E(材料性质)	116.00	136	0.86		
组别	0.03	1	0.03	0.01	0.93
年级	27.69	2	13.84	3.88	0.03
组别*年级	0.32	2	0.16	0.44	0.96
E(组别与年级)	242.47	68	3.57		

由上表可知,在 FOK 判断上,学习不良儿童与普通儿童组无显著差异,同时材料难度效应也不显著。年级差异间差异显著,事后比较发现,差异表现在五年级与六年级之间,五年级 FOK 判断程度较低。

(四)学习不良儿童与普通儿童词对记忆准确率的比较

学习不良儿童与普通儿童整体及各个年级回忆正确率及差异显著性检验结果如表 5-5 所示:

表 5-5　各年级不同组儿童回忆正确率的比较

年级	学习不良组	普通儿童组	t 值
四年级	0.53±0.30	0.59±0.20	0.78
五年级	0.29±0.21	0.65±0.20	5.41**
六年级	0.18±0.25	0.66±0.27	5.69**

由上表可知,除四年级外,五六年级及整体上学习不良儿童回忆正确率都显著低于普通儿童。

表 5-6　各年级不同组儿童再认正确率的比较

年级	学习不良组	普通儿童组	t 值
四年级	0.67±0.27	0.69±0.22	0.21
五年级	0.42±0.22	0.48±0.30	0.77
六年级	0.56±0.22	0.57±0.37	0.14
总体	0.55±0.26	0.58±0.31	0.61

由上表可知,在再认正确率上,两组之间没有统计上的显著差异存在。

(五)学习不良儿童与普通儿童元记忆判断监测准确性的比较

元记忆监测判断是对未来测验中可能达到的成绩的预测和估计,单纯判断水平的差异并不能说明全部问题。为此,研究者计算了不同组别儿童 EOL、JOL 与回忆正确率之间的相关和 FOK 与再认正确率之间的相关。结果如下:

表 5-7　两组被试 EOL、JOL、FOK 与回忆或再认准确率的相关

		回忆正确率	再认准确率
EOL	学习不良组	−0.24	
	普通儿童组	−0.36**	

(续表)

		回忆正确率	再认准确率
JOL	学习不良组	0.05	
	普通儿童组	0.36**	
FOK	学习不良组		0.86**
	普通儿童组		0.54**

由上表可知，学习不良组儿童 EOL、JOL 与回忆正确率相关均不显著，普通儿童组相关均达到显著。在 FOK 与再认正确率的相关上，两组均达到显著相关。

四、分析与讨论

(一)限定时间学习条件下学习不良儿童的 EOL 判断与 JOL 判断

EOL、JOL 是发生在提取之前的两种重要的前瞻性记忆监测。存在两种研究范式：一是对所学习的每一个项目进行逐项评定；而是对所学习的项目整体进行评定。本研究中使用了第一种研究范式。

从学习不良儿童与对照组儿童 EOL 判断等级的统计结果来看，两组间无显著差异，年级间也没有显著性差异。后一结论与以往 EOL 判断中一些关于发展方面的研究结论相一致，即小学低年级儿童就已经能够较准确地进行 EOL 判断，以后随年级增长，变化不大。材料性质主效应显著主要表现在容易材料与中等、困难材料之间。实验中简单材料使用的是种属关系的配对词，该年龄阶段对这种关系非常熟悉，因此 EOL 判断等级显著低于另外两组词对。中等难度词对与困难词对 EOL 评定上没有出现研究者预期的显著差异，也同设计材料之后的小范围难度评定结果不一致，为此实验后对部分被试进行访谈,发现很多被试认为都是两个字、都要记住,此外还有和前面词语联系都不大,因此最初难度评定上认为区别不大,但学习后回忆时,又感觉还是研究者设定的困难词对难回忆。对材料难度的判断应该涉及两方面内容:一是材料的客观难度,即材料本身性质决定的难度;二是材料的主观难度,即考虑到自己的以往记忆特点、状况后,对材料进行的难度判断。因此,联系研究结果(四)被试回忆正确率来看,尽管学习不良儿童对材料难度等级评定与对照组儿童没有差别,但其回忆正确率大大低于普通儿童组,说明他们在进行 EOL 判断时,对自身识记能力考虑不足。

JOL 是被试学习后对正确回忆把握性程度高低的判断,即学习后的掌握程度判断。本研究中学习时间是计算机程序控制,每个词对固定学习时间为 10 秒钟,也就是说学习不良儿童与对照组儿童经历相等的学习时间历程。研究结果显示,组间差异显著,即经历相等学习时间历程后,与对照组儿童相比,学习不良儿童普遍认为学习掌握程度较低。这或许是学习后的真实感受,但也可能是自信心差、效能感低的一种反映。JOL 的年级差异分析表明,四年级 JOL 判断水平最高,五年级最低,六年级居中,联系回忆正确率分析,四年级对自身的学习程度有些高估,五年级有些低估,六年级较准确,说明小学阶段儿童记忆监测能力随年龄增高而发展趋向准确,但发展过程中可能存在或高或低的波动。

(二)限定时间学习条件下学习不良儿童的 FOK 判断

FOK 判断发生在提取失败之后,对学习过但没有提取出来的项目进行等级评定。RJR(回忆—判断—再认)是这类研究的典型范式,本研究中也采用了这一范式。

从研究结果看,本研究中 FOK 组别差异不显著。周楚(2004)等人的研究结果显示三~五年级学困儿童 FOK 判断等级显著低于学优儿童。这种研究结果的不一致可能来自对照组被试的不同，因为本研究中对照组被试为普通儿童而不是学优儿童组。此外，我们在研究中发现，尽管指导语相同，要求被试先尽量尝试回忆，确信不能回忆出来后再点击帮助键，进行判断和再认。但许多学习不良儿童在项目回忆上不积极努力，很快就选择判断和再认；对照组儿童大都积极努力，很久仍不能回忆后才选择进行判断和再认。对 FOK 的统计仅是对被试未能回忆出的项目上进行的，因此不同难度性质的材料不均等，每个被试做 FOK 的项目也不相同。学习不良儿童趋向于选择再认方式完成测验任务也表明他们对自己缺乏信心，倾向于选择较容易的任务。FOK 的年级差异主要表现在五、六年级之间，五年级被试 FOK 等级评定偏低。联系前面 JOK 判断和再认成绩，在三个年级中五年级均较低，是客观实际还是样本原因抑或其它具体原因有待于进一步研究证实。

(三)标准测验成绩及其与元记忆判断的关系

我们分年级比较了学习不良儿童与对照组儿童回忆正确率和再认正确率。就回忆正确率而言，四年级学习不良组与对照组无差异，五、六年级学习不良儿童显著低于对照组儿童。就再认正确率而言，学习不良组与对照组儿童间各个年级都没有差异。由于元记忆监测判断是对后来测验成绩的估计，联系两组儿童 JOL 判断和 FOK 判断，似乎说明学习不良儿童通过 JOL 也能够较准确地预测即将进行的回忆测验的成绩，通过其 FOK 可以预测即将进行的再认测验的成绩。为了进一步考验这种关系，我们分别计算了两组儿童 EOL、JOL 与回忆正确率的相关、FOK 与再认正确率上的相关。结果显示前者在对照组儿童身上相关达到显著，但在学习不良儿童身上不显著。后者在两组儿童身上相关都达到显著。综合以上结果，我们认为在学习不良儿童群体，EOL、JOL 判断不能很好地预测其回忆测验的成绩,FOK 可以较好地预测其再认测验的成绩。

(四)综合认识

在限定时间学习条件下,研究的主要发现是:与对照组儿童相比,学习不良儿童 JOL 判断等级;线索回忆正确率低;EOL、JOL 监测准确性差。JOL 判断等级低,表明他们在经历与对照组儿童同样的学习历程后对掌握程度信心不足。线索回忆正确率低,但再认正确率无差异,反映出与对照组儿童实际记忆能力的差异。EOL、JOL、FOK 监测准确性上,只有 FOK 方面与对照组儿童一样都达到显著相关。如果以提取为分界点,EOL、JOL 可认为是前瞻式记忆监测,FOK 可认为是回溯式记忆监测,两种类型记忆监测发展趋势不同。刘希平(2001)等人的研究结果表明,回溯式判断发展较早,以后再无本质变化,前瞻式判断会随年龄的发展而提高。本研究结果表明,四至六年级学习不良儿童与普通儿童元记忆监测的差异主要体现在个体身上发展较晚的前瞻式监测上,回溯式监测 FOK 方面无差异。

第二节 学习不良儿童与普通儿童元记忆监控与时间分配策略使用的比较

一、问题与假设

(一)问题提出

元记忆包含监测和控制两方面成分,大量研究显示,人们能在一定程度上较准确地预测自己的记忆操作,即拥有较准确的元记忆监测。近年来,元记忆监测与控制相互作用及机制成为研究者的关注点,即研究人们如何运用元认知监测去调节正在进行或随后发生的行为。自定步调学习(self-paced study)中学习时间分配及其与元记忆监测判断的关系问题是这一领域研究的一个重要方向。

元认知控制功能的研究兴趣源自奈尔森等人提出的有关人类认知的模型。该模型将人类认知系统看做相互作用的两个水平:客体水平和元水平。元水平控制着客体水平上的操作。随后,奈尔森等人指出通过自定步调学习中元记忆判断与时间分配关系的研究可以探讨两个水平之间相互作用的机制。

邓罗斯凯(Dunlosky, Hertzog, 1988)等人提出"差异减少"假设(discrepancy-reduction hypothesis)用来解释学习时间分配的元认知控制机制。其模型分为三个阶段:准备、学习、测验。准备阶段包括记忆自我效能的评估、任务的评价和最初的策略选择,后两者受到学习者元认知知识的指导。在第二阶段,邓罗斯凯详细阐述了元认知控制的机制。模型认为,在该阶段,学习者会监控自己对每个单个项目的学习掌握程度,将自己知觉到的材料的掌握水平同期望的学习水平进行比较,后一学习水平称为学习标准(norm of study)。如果知觉到的学习水平低于学习标准,学习者继续学习该项目或选择新的学习策略;如果知觉到的学习水平达到或超过学习标准,学习者就会终止学习。元认知在评价材料学习程度和学习标准的确定与比较中均发挥着重要作用。这一模型为随后该领域的研究提供了一个基本框架。由差异减少模型得出的一个基本推论是:学习者知觉到的学习水平将与随后花费的学习时间呈负相关,即人们会花费较多的时间用于判断为较困难的学习材料上,以减少知觉到的学习水平与预期学习水平(学习标准)之间的差异。

"减少差异"模型及推论得到了很多研究(Cull, Zechmeister, 1994; Mazzoni,Cornoldi,1993；Nelson,1994；Thiede & Dunloshy,1999)的支持,研究结果表明,被试在那些判断为难的项目上所花时间比判断为简单的项目上所花时间要多。桑和梅特卡夫(Son & Metcalfe,2000)对所收集到的19篇该领域的论文统计显示,这些报告共涉及46种不同的实验条件,其中35种条件下,人们都倾向于在判断为困难的项目上花费更多时间,3种条件下,人们倾向于在中等难度项目上花费较多时间,8种条件下在容易和困难项目时间分配上没表现出显著差异。

另外一些研究,对问题探讨更加深入。蒂德和邓罗斯凯(Thiede,1999)研究了学习者在不同学习标准下,学习时间的分配和项目选择,他们允许被试对项目进行重复学习。研究发现,在某些情况下,人们选择先去花时间研究容易的项目,确保它们的掌握,而后再去学习那些困难项目。研究者假定存在高层策略选择阶段,在这一阶段学习者判断决定是巩固简单项目的学习有价值还是对复杂项目继续学习有价值。桑和梅特卡夫考察了非记忆因素(兴趣、时间压力)在决定时间分配中的作用。通过使用不同材料和程序的三个试验证实:当时间紧迫时,学习者在简单和有兴趣的项目上分配更多时间；当时间宽松时,学习者在哪些难度较大的项目上花费更多时间。时间紧迫时,花更多时间学习难度较大的项目可能是在"浪费时间",因为它给学习者带来的收益是很有限的,一些研究者称其为"白费力效应"(Mazzoni,1990；Mazzoni & Corddi,1993；Nelson & Leonesio,1988),这时,把时间利用在那些简单项目上是一种适宜策略。

梅特卡夫(2002)最近提出了对学习时间分配原则的一种包容性更强的解释,他认为学习者并非像差异减少理论所描述的那样,简单地在困难项目上分配更多的时间、在容易项目上分配较少时间,而是根据自身情况、学习材料与条件,在被知觉为那些对自己适合的、有价值、具挑战性的材料上分配较多学习时间。梅特卡夫称其为"最近学习区"(a region of proximal learning)。他采用专家与新手的系列实验,验证了其假设。值得指出的是,尽管梅特卡夫强调最近学习区解释与差异减小理论的区别,但他仍从最近学习区原则对以往的研究给出了合理解释,并指出在学习者完全胜任、有充足的学习时间和材料简单等条件下,差异减少和最近学习区假设可能是重合的。

值得关注的是,一些对低龄被试的研究发现被试在难、易材料的时间分配上没有表现出明显的差异。对此研究者的解释是,一方面可能是被试难以充分地判断出材料的难度。另一方面可能是他们选择使用适当学习策略的元认知能力尚未发展起来。

综合以上研究,可以得到这样一种认识:学习时间分配中元认知控制和策略使用可能存在一种发展过程,到一定年龄后逐渐习得。在学习时间充足的自由学习条件下,分配较多时间在知觉为难的项目上是一种较普遍的、有效的适宜策略。

根据材料难易分配不同时间进行学习是一种有效的元认知策略,对学生学习是大有益处的。学习不良儿童是否在学习时间分配的元认知控制能力发展上落后于一般儿童?他们能否有意识地在难度较大的项目上分配较多的学习时间?这正是本研究所关注的核心问题。

(二)研究假设

本研究的两个假设为:(1)学习时间分配的元认知控制策略在学习不良儿童身上存在一个发展过程,低年级学习不良儿童没有掌握和很少有人掌握、使用这种元认知策略;(2)学习不良儿童学习时间分配中元认知控制策略的发展落后于普通儿童。

二、研究方法与程序

(一)研究方法

1. 被试

根据学习不良的入组标准,从某小学四、五、六年级选取学习不良学生 58 人(其中男 45 人,女 13 人。四年级 19 人,五年级 19 人,六年级 20 人)为实验组,在同年级对应班级内选取普通学生 60 人(其中男 39 人,女 21 人。四、五、六年级各 20 人)为对照组被试。

2. 材料与工具

测验程序 B:请计算机专业人员使用 C 语言编制。识记材料为中文"线索－目标"词对,共 21 对词对(详见附录 9)。词对均为双字具体名词,所涉及的字均是在现行小学语文教材中一、二年级要求掌握的。通过小范围联想测验,把词对难度控制为两个级别:容易(11 组)——两个词之间有一定意义联系,如手枪—子弹;困难(10 组)——两个词之间无明显的意义联系,如,古诗—眼睛。

(二)研究程序

实验大体过程为:首先要求被试对将要学习记忆的词对逐个做出难度判断,然后进行不限时的自定步调的学习,最后进行学习程度判断和回忆测验。整个过程通过计算机程序控制。具体步骤如下:

1. 练习 向被试解释计算机程序如何操作,使被试了解、熟悉任务要求。

2. EOL 判断 正式实验开始,说明任务要求后,请被试逐一判断显示在计算机屏幕的词对记忆起来的难易程度(三等级:容易、中等、困难),词对由程序控制随机呈现,每一词对显示 3 秒钟后消失。被试的判断不限时,只有做出判断后,计算机才显示下一词对。

3.学习阶段 要求被试尽可能多地记住这些词对,屏幕上每次随机呈现一个词对供被试学习,被试自由控制学习时间,如果认为该词对已经掌握,按回车键后屏幕显示下一词对。每个词对只呈现一次,不能返回再学。

4.JOL判断 要求被试逐一判断对每个词对的学习掌握程度(六个等级:完全未掌握——0%、基本未掌握——20%、可能未掌握——40%、可能掌握——60%、基本掌握——80%、完全掌握——100%),每个词对显示3秒钟后消失,被试的判断不限时,只有做出判断后,计算机才显示下一词对。

5.回忆测验 计算机屏幕呈现一屏简单的数学加减法题目,要求被试口算结果,然后进行回忆测验,计算机屏幕显示线索词要求被试报告目标词,由主试负责录入。被试回答不限时,但要求其不要过于拖延时间。

实验过程中程序自动记录被试的EOL、JOL判断等级、每个项目学习时间以及回忆正确性。

三、研究结果

(一)自定步调学习中各年级不同组学习难度判断(EOL)等级差异

数据分析中首先以被试对不同难度词对EOL判断均值为因变量,进行2(组别)×3(年级)×2(材料难度)重复测量的方差分析,结果显示材料难度与组别、材料难度与年级、组别与年级之间都存在交互作用,为了使结果呈现更加清晰,对不同年级分别进行了2(组别)×2(材料难度)重复测量的方差分析,结果如下:

表5-8 四年级自定步调学习中EOL判断的重复测量方差分析

来源	平方和	自由度	均方	F值	p值
材料性质	0.05	1	0.05	1.04	0.31

(续表)

来源	平方和	自由度	均方	F 值	p 值
材料性质 * 组别	0.17	1	0.17	3.61	0.07
E(材料性质)	1.78	37	0.05		
组别	3.05	1	3.05	11.44	0.00
E(组别)	9.85	37	0.26		

由上表可知,对于四年级被试,材料性质效应不明显,EOL 的组别差异显著,学习不良组儿童判断等级较低($M_{\text{LD简单}} = 1.25$ $SD_{\text{LD简单}} = 0.37$ $M_{\text{NLD简单}} = 1.55$ $SD_{\text{NLD简单}} = 0.36$;$M_{\text{LD困难}} = 1.21$ $SD_{\text{LD困难}} = 0.32$ $M_{\text{NLD困难}} = 1.70$ $SD_{\text{NLD困难}} = 0.51$)。

表 5-9　五年级自定步调学习中 EOL 判断的重复测量方差分析

来源	平方和	自由度	均方	F 值	p 值
材料性质	3.51	1	3.51	28.71	0.00
材料性质 * 组别	0.66	1	0.66	5.42	0.03
E(材料性质)	4.53	37	0.12		
组别	0.10	1	0.10	0.30	0.59
E(组别)	11.96	37	0.32		

由上表可知,对于五年级,被试材料性质效应显著,组别差异不显著,材料性质与组别交互作用显著。深入分析发现,与普通儿童相比,学习不良儿童对两类性质材料难度判断差距较小($M_{\text{LD简单}} = 1.46$ $SD_{\text{LD简单}} = 0.44$ $M_{\text{LD困难}} = 1.69$ $SD_{\text{LD困难}} = 0.59$;$M_{\text{NLD简单}} = 1.34$ $SD_{\text{NLD简单}} = 0.46$ $M_{\text{NLD困难}} = 1.95$ $SD_{\text{NLD困难}} = 0.39$)。

表 5-10　六年级自定步调学习中 EOL 判断的重复测量方差分析

来源	平方和	自由度	均方	F 值	p 值
材料性质	7.96	1	7.96	79.54	0.00
材料性质 * 组别	0.63	1	0.63	6.27	0.02
E(材料性质)	3.80	38	0.10		
组别	0.02	1	0.02	0.10	0.76
E(组别)	7.98	38	0.21		

由上表可知,对于六年级被试,材料性质效应显著,组别差异不显著,材料性质与组别交互作用显著,深入分析发现,学习不良儿童与普通儿童对两类性质材料难度判断差距进一步加大($M_{\text{LD简单}}=1.44$ $SD_{\text{LD简单}}=0.46$ $M_{\text{LD困难}}=1.89$ $SD_{\text{LD困难}}=0.44$; $M_{\text{NLD简单}}=1.23$ $SD_{\text{NLD简单}}=0.15$ $M_{\text{NLD困难}}=2.04$ $SD_{\text{NLD困难}}=0.44$)。

(二)自定步调学习中各年级不同组学生学习判断(JOL)等级差异

首先以被试对不同难度词对 JOL 判断均值为因变量,进行 2(组别)×3(年级)×3(材料难度)重复测量的方差分析,结果显示材料难度与组别、材料难度与年级、组别与年级之间都存在交互作用,为了使结果呈现更加清晰,对不同年级分别进行了 2(组别)×3(材料难度)重复测量的方差分析,结果如下:

表 5-11　四年级自定步调学习中 JOL 判断的重复测量方差分析

来源	平方和	自由度	均方	F 值	p 值
材料性质	0.92	1	0.92	10.34	0.00
材料性质 * 组别	1.28	1	1.28	14.36	0.00
E(材料性质)	3.29	37	0.09		
组别	2.75	1	2.75	2.86	0.10
E(组别)	35.54	37	0.96		

由上表知,四年级被试学习判断上,材料性质主效应明显,组别差异不显著($M_{\text{LD简单}}=5.39\ SD_{\text{LD简单}}=0.69\ M_{\text{NLD简单}}=5.27\ SD_{\text{NLD简单}}=0.62; M_{\text{LD困难}}=5.43\ SD_{\text{LD困难}}=0.66\ M_{\text{NLD困难}}=4.80\ SD_{\text{NLD困难}}=0.90$)。

表 5-12　五年级自定步调学习中 JOL 判断的重复测量方差分析

来源	平方和	自由度	均方	F 值	p 值
材料性质	8.82	1	8.82	31.82	0.00
材料性质＊组别	0.07	1	0.07	0.26	0.61
E(材料性质)	10.26	37	0.27		
组别	21.11	1	21.11	14.13	0.00
E(组别)	55.28	37	1.49		

由上表知,五年级被试学习判断上,材料性质主效应明显,组别差异显著,对不同难度材料的掌握程度判断上学习不良组均低于普通儿童组($M_{\text{LD简单}}=4.51\ SD_{\text{LD简单}}=1.29\ M_{\text{NLD简单}}=5.61\ SD_{\text{NLD简单}}=0.46; M_{\text{LD困难}}=3.90\ SD_{\text{LD困难}}=1.14\ M_{\text{NLD困难}}=4.88\ SD_{\text{NLD困难}}=0.67$)。

表 5-13　六年级自定步调学习中 JOL 判断的重复测量方差分析

来源	平方和	自由度	均方	F 值	p 值
材料性质	6.33	1	6.33	27.48	0.00
材料性质＊组别	0.61	1	0.61	2.66	0.11
E(材料性质)	8.76	38	0.23		
组别	5.51	1	5.51	5.12	0.03
E(组别)	40.94	38	1.08		

由上表知,六年级被试学习判断上,材料性质主效应明显,组别差异在 0.05 水平显著,对不同难度材料的掌握程度判断上学习不良组均低于普通儿

童组（$M_{\text{LD简单}}=5.02\ SD_{\text{LD简单}}=0.84\ M_{\text{NLD简单}}=5.72\ SD_{\text{NLD简单}}=0.39; M_{\text{LD困难}}=4.64\ SD_{\text{LD困难}}=1.10\ M_{\text{NLD困难}}=4.99\ SD_{\text{NLD困难}}=0.80$）。

(三)自定步调学习中两组被试在不同性质材料上学习时间的比较

分年级、组别对两组被试自定步调学习中分配在不同难度项目上的平均学习时间进行相关样本的 t 检验，结果如下：

表 5-14　两组被试在不同性质材料上的学习时间分配及差异检验

		容易材料		困难材料		
		X	SD	X	SD	t 值
四年级	学习不良组	1871.4	2662.82	1868.26	2586.7	0.01
	普通儿童组	3559	2259.25	3518.94	2148.38	0.15
五年级	学习不良组	4207.74	2397.78	5010.67	2156.52	2.43*
	普通儿童组	3855.81	2033.38	5813.22	2501.11	5.36**
六年级	学习不良组	3731.85	2053.31	4521.49	2858.08	2.25*
	普通儿童组	3796.82	1719.36	5479.26	3086.51	3.82**

由上表可知，在不同性质材料的学习时间分配上，四年级学习不良组与普通儿童组无显著差异，五、六年级学习不良儿童组在 0.05 水平上存在显著差异，普通儿童组在 0.01 水平上存在显著差异。

(四)两组被试元记忆监测与学习时间分配的相关

分别计算两组被试在不同性质学习材料上分配时间与相对应的 EOL 判断之间的相关，结果如表 5-15 所示：

表 5-15 两组儿童 EOL 与相应学习材料时间分配的相关

		简单项目用时	困难项目用时	总用时
简单项目 EOL 判断	学习不良	-0.06		
	普通儿童	0.34**		
困难项目 EOL 判断	学习不良		0.22	
	普通儿童		0.37**	
总 EOL 判断	学习不良			0.07
	普通儿童			0.38**

由上表可知,学习不良组 EOL 判断与对应学习材料的时间分配均未达到显著相关,普通儿童组对应相关均达到显著相关。

(五)自定步调学习后两组回忆正确率比较

统计结果表明,自定步调学习后,两组被试间回忆正确率差异显著,学习不良儿童明显低于正常儿童($M_{LD}=0.64$ $SD_{LD}=0.03$; $M_{NLD}=0.78$ $SD_{NLD}=0.03$; $t_{(116)}=2.97$ $p<0.01$)。

四、分析与思考

(一)自定步调学习条件下学习不良儿童元记忆监测特点

与研究者控制步调(experimenter-paced study)的学习条件相对应,本研究考察了自定步调学习条件下,学习不良儿童与对照组儿童的 EOL 和 JOL 判断。本研究中混合使用了客观设定的两种难度不同的学习材料,一类目标词与线索词之间没有直接的意义联系,作为容易的学习材料,另一类目标词与线索词之间有明显的意义联系,作为困难的学习材料。与控制步调学习条件下的研究一样,逐个呈现每一组词对要求被试做出 EOL 判断。EOL 判断可视为被试主观的难度判断。从研究结论可知,对两类材料难度性质区分上,主要表现出的是年级差异,即五、六年级学习不良儿童和对照组儿童均能对材料难度性质进行区分,四年级儿童不论学习不良儿童还是对照组儿童尚不能很好地区分,这可能是个体随年龄增长心理发展的体现。对两类材料难度性质的判断上,困难材料与容易材料难度的差异在四至六年级表现出随年级提高而增大的趋势。从材料 EOL 判断等级上看,四年级表现出了组间差异,学习不良儿童组比对照组判断等级低,即他们认为这些材料学习起来更简单些,到五、六年级两组间 EOL 判断等级不再有差别。联系对两组儿童回忆正确率的统计结果来看,自定步调的学习条件下,学习不良儿童在学习材料难度判断上尽管到五年级后能够区分不同性质的材料,但对自己记忆能力的估计似乎显得不足。当然,也可能是受到逐一词对进行判断这一判断方式的影响所致。

自定步调学习条件下的 JOL 判断分析表明,学习材料性质主效应都显著,说明学习不良儿童和对照组儿童通过自控时间的学习后,对不同难度性质的材料自评掌握程度都有显著差异,容易材料把握性高于困难材料。五、六年级 JOL 判断等级两组间均有显著差异,学习不良儿童组低于对照组,说明学习不良儿童对两种性质学习材料学习后对自己掌握程度的估计表现出较低的估计水平和自信。这一结论与国内其他研究者(周楚、刘晓明、张明,2004)得到的结论基本一致,也同固定学习时间条件下得到的结果相一致。究其原因,可能与学习不良儿童生活经历中的失败与较低的自我效能感有关(杨心德,1996)。

(二)自定步调条件下学习不良儿童元记忆控制与学习时间分配特点

元认知监测过程是信息流从客体水平流向元水平的过程,元认知控制则是信息从元水平流向客体水平的过程,表现为个体对自身行为过程的调节上。个体在不同性质材料、项目上的学习时间分配是在元认知监测下的元认知控制的具体体现。

本研究结果表明在对两类不同性质学习材料的时间分配上,四年级学习不良组与对照组一样都没有表现出显著差异,五年级学习不良组在 0.05 水平上表现出了显著性差异,对照组则在 0.01 水平上差异显著,六年级学习不良组与对照组均在 0.01 水平上差异显著。从这一角度看,元记忆控制水平整体上表现出了随年级升高而提高的趋势,此结果与 Dufresne & Kobasigawa (1989) 等人研究结果一致,其研究结果为一、三年级学生在不同性质材料时间分配上无显著差异,五、七年级学生均表现出显著性差异。本研究显示学习不良儿童与普通儿童发展趋势基本一致,只是五年级两组之间在不同性质材料分配的学习时间差异上略有不同。

四年级被试在不同难度学习材料上分配的学习时间之间无显著差异这一结果与 EOL 判断中四年级被试材料性质效应不显著相对应,说明他们分配在不同性质材料上学习时间无差异可能是由于他们尚不能对这类学习材料难度加以明确区分,不能区分的原因又可能与他们元认知中元记忆知识不足有关,即不能认识到配对词语间内在联系对记忆、回忆的重要作用。当然这一推论尚须进一步验证。

(三) 元记忆监测与元记忆控制的相关

监测与控制是元记忆过程的两个方面,自定步调学习中对不同性质学习材料的时间分配是元记忆控制的具体体现,但这种控制应该是以元记忆监测为基础才更具意义。个体较高的元记忆水平表现在元记忆监测与控制的协调统一之中。

本研究中我们分别计算了两组儿童 EOL 与学习时间分配之间的相关。结果表明普通儿童组 EOL 判断与对应时间分配均达到了显著正相关,而学习不良组均未达到显著,说明在学习不良儿童身上判断学习材料为困难的学习用时不一定多,判断材料为容易的学习用时不一定少,元记忆监测指导下的学习时间分配策略还没有真正掌握。与普通儿童相比,学习不良儿童身上元记忆监测与控制之间的协调联系尚未很好地建立起来。

(四)综合认识

在自定步调的学习条件下,得到两点主要结论:一是在对客观上不同难度学习材料的学习时间分配上,学习不良儿童与对照组之间无差异,主要表现为年级差异。也就是说,五、六年级两组儿童都能够在难度大的学习材料上分配比容易材料更多的学习时间。此结果与周楚等人(2004)的研究结果稍有差异,其研究结果为三年级学困与学优儿童、四年级学困儿童在不同性质材料上分配的学习时间没有显著差异,四年级学优儿童、五年级学困与学优儿童均表现出显著差异。差异主要是在四年级非学习不良儿童身上,原因可能在于对照组的不同,她们使用的是学优儿童被试,本研究使用的是普通儿童组成的对照组。二是在 EOL 判断等级(主观难度)与随后学习时间分配的相关上,学习不良儿童均未达到显著相关,对照组儿童均达到了显著相关。对照组儿童身上得到的结果与国内其他研究者(刘希平,2004)一致。说明四至六年级学习不良儿童对元记忆监测指导下的学习时间分配这一基本元认知策略还尚未掌握。

动态研究结论结果使我们对学习不良儿童元认知的一种具体活动——元记忆的基本特点得到如下认识:学习不良儿童难度预见判断等级(EOL)与对照组儿童间基本上无显著差异;在掌握程度(JOL)判断等级上,学习不良儿童与对照组之间大多存在显著差异,学习不良组儿童判断等级较低。更重要的是,学习不良儿童无论在监测的准确性上还是在以监测为基础的控制和调节上都表现出了与对照组儿童之间的差距。

第六章　元认知静态成分的教学与促进

本书将元认知分为静态成分与动态成分,静态成分包括个体关于自身和任务方面的知识、有关策略方面的知识以及动机、信念方面的知识;动态成分主要指元认知监控和调节而言。静态成分更多表现为一种陈述性知识,其教学也遵循陈述性知识教学的一些基本原则。动态成分更多体现为一种程序性知识,其教学以训练模式为主。本章主要介绍元认知静态成分教学的内容、原则和基本的方法。

第一节　有关个体和任务方面知识的教学

一、有关个体自我的知识

学习者首先需要了解自己,清楚自己的能力与个性特征会如何对学习产生影响。这类知识包括对自身特征以及这些特征与学习活动关系的认识。人们对于这类知识的获取往往是比较随意的、不明确和不系统的,通常情况下是经验的总结和积累,是自我反省的过程。但这类知识是非常重要的,正所谓自知者明。缺乏这类知识的学习者往往不能在学习中对自身的认知、情绪、行为进行良好把控，因而难以达到和保持学习的良好状态。有关个体自我方面的知识主要包括以下内容：

(一)学习者要知道自己的兴趣和喜好

学习者要了解自己喜欢什么样的事物和活动，不喜欢什么样的事物和活动。比如，某同学可能喜欢语文阅读，但不喜欢物理实验课的动手操作；另一名同学则可能喜欢外语课的口语表达，但不喜欢数学课的推理和演算。有些学生不能区分自己对课程的喜欢与对该课程教师的喜欢，或者因厌恶某位老师而放弃该课程。喜欢的内容学习起来会自然带来乐趣，厌恶的内容则会有意无意回避，如果不能清楚地知道自己的兴趣和喜好，学习往往会被某种情绪控制而不自知。知道了哪些是自己不喜欢的，才有可能寻找方法，努力培养兴趣，甚至强迫自己多付出时间和精力，力求改变，走出越喜欢越爱学和投入，越不喜欢越敷衍和放弃的不良循环。

(二)学习者要了解自己的认知与能力特点

学习者要对自己的认知特征以及综合能力特征有清楚的认识。具体讲就是要知道自己的注意品质如何，稳定性强还是弱？注意转移快还是慢？注意的抗干扰能力如何？了解自己的记忆力怎样，擅长记忆哪类资料。还有自己的思维能力如何？创造能力如何？想象力怎样？既了解自己的能力特长所在，也要知道自己的弱点和不足在哪里，因为只有如此才能够进行有效的元认知调节。假定某学生记忆保持能力较强，但识记速度不够快，如果他能够对此有明确的认知，学习中就很容易发挥自己记忆保持方面的优势，不必为识记速度慢于他人而焦虑自卑。

(三)学习者要了解自己的情绪情感特征

情绪情感活动对学习有着重要的影响，情绪以各种方式影响着个体的认知加工。"学业情绪"概念已被提出并受到许多研究者的关注。学业情绪指在教学或学习过程中，与学生学业活动相关的各种情绪体验，包括在课堂学习活动中和完成作业过程中以及考试期间的情绪体验，如高兴、厌倦、失望、焦虑、气愤等。

当一个学生处于一种积极的情绪状态时，他就会变得乐于学习、善于学习，就会对学习产生浓厚的兴趣。经常性的学业失败会给学生带来痛苦、不愉快和挫折感，如果一个人长期缺乏愉快的情感体验，必定难于形成良好的情绪，而没有良好的学业情绪，不仅不会有成功的学习，甚至一般的学习任务也不可能顺利完成。因此，作为元认知知识，学习者首先要对自身情绪活动的基本特征有所了解，如情绪丰富性如何，稳定性如何，自身对情绪的调控能力怎样等等。此外，还要了解不同性质情绪对学习活动可能产生的影响。

(四)学习者对自己喜欢的学习风格要有自觉的意识

学习风格又称学习方式，从信息加工角度看，学习风格由学习者特有的认知、情感和生理行为构成，它反映学习者如何感知信息、如何与学习环境相互作用并对之做出反应的相对稳定的学习方式。

科勃(Kolb)依照信息知觉(information perception)和信息处理(information processing)两个维度，根据个体是否运用具体经验或抽象概念，以及主动实验或反思观察交叉形成四个象限，将学习风格分成以下四类：(1)聚敛型(convergent)：偏好抽象概念与主动试验，善于以亲自试验的方式获得知识，长于解决问题、做决策和将想法实际应用。聚敛者在具有单一标准答案的问题情境下表现最好；较会控制情感的表达，偏好处理技术性的工作与问题，而非社会人际议题。(2)发散(divergent)：偏好具体经验和反思观察，想象力丰富，对意义与价值察觉性强。发散者喜欢自主开放的学习活动，在类似像"脑力激荡"偏好多种想法的情境下表现最佳；对人深感兴趣，倾向用想象和感觉来解决问题。(3)同化(assimilation)：偏好抽象概念与省思观察，长于归纳思考、创造理论模式、将来自各方的观察做出整体解释。和聚敛者相比,同化者不把焦点放在人身上,更关心想法和抽象概念,而不在乎其实用性。对同化者来讲,较重要的是理论的逻辑性。(4)适应(accommodative):偏好具体经验和主动实验,长于动手做事情、实现计划、参与新事务。适应者喜欢找寻机会、冒险和行动,常用直觉和尝试错误方式处理问题,容易适应环境。适应者较适合的是同伴之间彼此互动学习的形式。

当然学习风格有很多不同的理论和类型,以上只是给出了一个代表性的类型划分。学习风格是在学习者个体神经组织结构及其机能基础上,受特定的家庭、教育和社会文化的影响,通过个体自身长期的学习活动而形成,具有鲜明的个性特征。如果学习者能够充分了解、认识自己的学习风格,那么就会为自己的学习活动找到一条最适合的途径。

二、有关任务的知识

(一)对任务要求的了解

学习者要对自己面临的学习任务的掌握目标等有所了解。比如外语课程的学习,学习者应该知道哪些内容以阅读为重点,哪些以掌握口语表达为目标,哪些以掌握语法规则为目的,哪些以记忆扩展词汇为要求等等,因为很显然,不同性质的任务要求直接影响随后的学习方式。如果对相关任务要求一无所知,那就只能采取无目标的、盲目被动的学习,效果必将大打折扣。

布鲁姆曾提出一个有关学习任务的分类系统,广泛用于教学目标的确立。学生如果能够了解这方面的相关知识,知道老师希望自己学习什么,达到什么样的要求,是很有意义的。从布鲁姆的理论,学习目标涉及认知目标、情感目标、动作技能目标三类,这里只介绍和知识学习最为相关的认知目标。

布鲁姆针对知识学习提出了由简单到复杂的六类任务目标:(1)知识,指人们获得实际的信息,其过程涉及记忆、命名、列表、熟记、重复、界定等等,如学生记忆历史事实。(2)领会,指学生领悟教材、理论、观念和事实,其过程涉及理解、重述、解释、总结等等,如学生用自己的话描述某历史事件的发生过程。(3)应用,指学生在特殊的具体情境中,正确的实际应用所学原理和观点。其过程涉及使用、表现、解决、构建等等,如使用面积计算法测量土地面积。(4)分析,指学生能够进行分类,把整体划分为若干成分,理解各成分的相互关系,认知构成该系统的原理,其过程涉及拆分、分类、筛选、归类、比较、对比等,如对课文进行分段和观点、脉络的梳理。(5)综合,指集合各部分以构成整体的能力,主要包括:创造新产品的能力;融合多种观点形成新理论的能力;超越现有认知水平的能力;提出新见解的能力等,其过程涉及创造、组合、设计、开发、结合、计划等,如在现有资料的基础上,写作论文。(6)评价,指依据特定目的,判断概念、教材和过程价值的能力。其过程涉及评定、分级、决断、评估、鉴定、辨析等。评价是认知性目标的最高层次,比如给出两种问题的解决思路,要求学生评价哪一种更适合。

此外,根据所要求的认知操作,学习任务可以分为四类:(1)记忆任务,要求学生再认或记忆他们以前学过的内容;(2)程序任务,要求学生掌握解决问题的步骤和规则;(3)理解任务,要求学生将几种观点联系起来,以某种方式对所学内容进行重新组织,从而使学到的知识超越给予的信息本身,达到个人化的理解;(4)评价性任务,要求学生发表个人见解和观点,评说给出的材料。显然学生对学习任务和要求的准确理解对学习过程的有效展开是具有重要意义的。

(二)对学习内容的了解

学习者也应了解自己已有的有关学习内容方面的知识对其学习的影响。从现代认知学派的学习理论到建构主义的学习理论都在强调所学新知识和已有知识之间建立有意义联系的重要性。正是这种联系使得新知识获得意义和理解并得以储存在长时记忆系统之中。要建立起这种联系,就需要学习者能够对所学新知识内容有所判断,知道它们属于哪种类型、性质的知识,思考自己以前是否学习过相关知识,已获得的知识中哪些内容可以和这些新知识发生联系。学生越是懂得如何建构新学习内容的意义,就越是可能进行独立的、自我指导的学习。

美国教育心理学家奥苏贝尔提出的"先行组织者概念"是一个非常有价值的概念。先行组织者就是先于学习材料之前呈现给学习者的一段引导性材料,其概括和包容水平高于即将要学习的新材料,它以学习者易懂的通俗形式呈现。先行组织者的意义在于它充当着新旧知识发生联系的桥梁。以往人们更多强调教师对先行组织者的选择和使用,从学生学习的角度来说,如果能够在对新材料内容做出基本了解和判断基础上,主动寻找、发现充当先行组织者的材料,主动寻找记忆中的相关知识,那就会大大提高对新材料的理解和记忆效果。

根据先行组织者的性质划分,学习者主动唤起已有知识充当先行组织者有两条基本途径:一是根据新旧知识的类属关系检索先行组织者。学习中许多新内容是原先学习内容的深入或扩展,根据类属关系往往能发现和激活相关知识。二是根据新旧知识的同质性或异质性进行检索,发现可以同化新知识的相关知识。

三、教学建议与思考

(一)有关个体自我方面知识的教学

有关个体方面的知识属于自我认知方面内容。学生达到对自我准确的分析认识通常是比较困难的。这类知识的教学可借鉴以下方式或思路进行:

第一,利用心理测验,帮助学生认知自身特性。

心理测验是心理学家专门编制,用来测量人的某方面特性的工具,一般有较好的信度和效度。使用心理测验可以快速、准确了解个体某方面的特征。教学中根据需要,引入一些简单实用的心理测验,通过对结果的分析可帮助学生快速了解自己。比如气质类型测验,可帮助学生了解自己属于哪种气质类型,有什么样的优势和不足;情绪稳定性测验可使学生对自身情绪活动特点有所觉察和把握;学习风格问卷可帮助学生了解自己习惯使用的学习风格;职业倾向测验可帮助学生了解自己的职业兴趣和爱好……

通常学生对这类测试结果非常感兴趣,教学重点应该在于对结果的分析而不是结果本身,心理测验是帮助学生认识自己的工具,而认识自身的这些特性则是为了更好、更有效地进行学习。测验也不是万能的、百分之百的准确,测验结果会受到多方面因素的影响,因此,教师应对所使用的测验非常熟悉,能够进行正确合理的解释,使学生理解、认同,引发深入的思考,防止简单化处理,防止贴标签。

第二,利用心理活动和游戏,帮助学生认识自身特性。

除心理测量外,教师还可设计某些特定的游戏和活动,使学生通过参与、体验、感悟,达到认识自身特性的目的。

以对自己记忆特征的了解为例,可以举行记忆比赛,在规定时间内,要求学生记住不同学习材料。通过比赛结果使学生了解记忆的规律,知道自身擅长记忆哪种性质的材料。接下来可继续延伸,询问学生什么东西他们记住之后很快就又会忘记?什么东西他们会永远记着?什么东西记住之后不会马上忘,但经过一段时间后会忘掉?以此引发"记忆的材料越是对个体有重要意义,越不容易忘记"这一规律的认知和觉察。

第三,考虑学生的年龄特征与个体差异。

有些教师把有关个体自我知识的教学理解为开设心理学课程,讲授心理学知识,这是错误的。系统的学习心理学知识对基础教育阶段的多数学生是不必要的。作为元认知的静态成分,在此强调的是个体对自身特性的觉察和了解以及这些特性对于学习可能的影响。概念界定和体系其实并不重要,对意义的理解才是关键。因此,对于不同年龄阶段的儿童要考虑其理解能力,用他们能理解的方式传递这类知识是必须考虑的。

此外,要充分考虑个体差异。世界上没有两个完全相同的人,对自我特性的认知就是一个不断把自己和他人区分开来的过程。在教学中要分析不同个体的不同特征,但不是比较高低优劣。强调风格的差异、类型的差异,弱化能力水平的差异。否则,这类知识的教学可能会对学生造成某些负面影响。

(二)有关任务的知识的教学

有关任务的知识性质上属于陈述性知识,这类知识的教学可采用以下两种基本的教学方法:

1. 直接的教学与示范

直接的教学与示范就是教师在教学过程中将有关任务的要求和内容的相关知识告诉学生,引起学生的注意。这是陈述性知识教学中最为常见的方式。其实有经验的教师在教学中通常都是会说明任务的要求、学习材料的性质和特点、相关知识准备等问题,但通常不会专门强调,更不会结合具体学生个体做深入剖析,而学生在学习中通常会忽略这些知识,直接按照老师的要求与指导去学,缺乏对此类知识的自主、灵活的使用,也不理解这类知识的价值。因此教师的示范非常重要,通过教师在教学中一次次的示范和强调,能够将这些知识及其使用的意义和价值传递给学生,使学生自然轻松地掌握,形成习惯。

以先行组织者为例,每次介绍新的知识的时候,教师都有意强调充当先行组织者的材料的意义,久而久之就会使学生形成习惯,学习新材料是主动发现寻求那些可以充当组织者的学习过的材料或头脑中的相关知识。

2. 有反馈的练习与指导

有反馈的练习与指导通常会在直接的教学和示范之后使用。当学生开始获取并尝试使用这些知识时,练习和指导就显得尤为重要。有效地获取和使用这些知识需要有一个过程和必要的时间保证,只有通过练习才会使学生丰富和巩固自己的知识。教师提供的反馈可帮助学生及时修正所获取和使用的知识,使他们不断向着正确的方向迈进。

以上两种其实在教学中是经常被融为一体综合使用的。需要强调的是有关任务方面的知识的教学,也要充分考虑学生的年龄和接受特点。对年幼和低年级儿童而言,多用直接的要求、指导和反复训练结合的方式,对年长和高年级儿童可以讲清道理,适当介绍必要的知识(如布鲁姆的学习任务分类),通过反馈指导促使其自觉使用。

第二节 有关策略的知识的教学

一、学习策略概说

有关策略的元认知知识就是储存在学习者长时记忆中的学习策略方面的知识。因此,我们首先来了解学习策略的相关知识。

什么是学习策略呢?简单说就是学习者为了提高学习效率,而有意识地使用的特定的学习方式或方法。当然,不同研究者对此有不同的表述,如梅耶(Mayor)指出,"学习策略是学习者影响其如何加工信息的各种行为",丹塞路认为,"学习策略是能促进知识获得和储存以及信息利用的一系列过程和步骤。"需要指出的是,学习策略并不等同于学习方法,它是一个总体的概念,涉及学习背景、学习目标、个人知识、学习计划、学习方法和技能以及学习中的自我监控与调节等等。学习策略强调的是学习的统筹规划思想,"学习策略是一系列选择、协调和运用技能的执行过程(尼斯比特,Nisbet)",是对学习方法的有目的的综合运用。基于以上理解,学习策略具有以下四方面特性:

第一,主动性。学习者采用学习策略通常是有意识的心理过程。学习时,学习者先要分析学习任务和自己的特点,然后,根据这些条件,制定适当的学习计划。只有对于反复使用的策略才能达到自动化的水平。

第二,有效性。所谓策略,实际上是相对效果和效率而言的。不使用学习策略,使用最原始的方法,最终也可能达到目的,但效果不好,效率也不会高。比如,记忆一篇课文,如果一遍又一遍地朗读,只要有足够的时间,最终也会记住。但是,保持时间不会长,记得也不是很牢固;如果采用分散复习或尝试背诵的方法,记忆的效果和效率就会有很大的提高。

第三,过程性。学习策略是有关学习过程的策略。它规定学习时做什么不做什么、先做什么后做什么、用什么方式做、做到什么程度等诸多方面的问题。

第四,程序性。学习策略是学习者制订的学习计划,由规则和技能构成。每一次学习都有相应的计划,每一次学习的学习策略也不同。但是,相对同一种类型的学习,存在着大体相同的计划,这些基本相同的计划就是我们常见的一些学习策略。

学习策略怎样进行分类,这是一件仁者见仁智者见智的事情。目前存在学习策略的分类系统。其中迈克卡(McKeachie)等人对学习策略的分类因简明、清晰、实用而备受关注。迈克卡等人将学习策略划分为认知策略、元认知策略、资源管理策略三大类,每一大类中有包含若干小类,结构如图 6-1 所示:

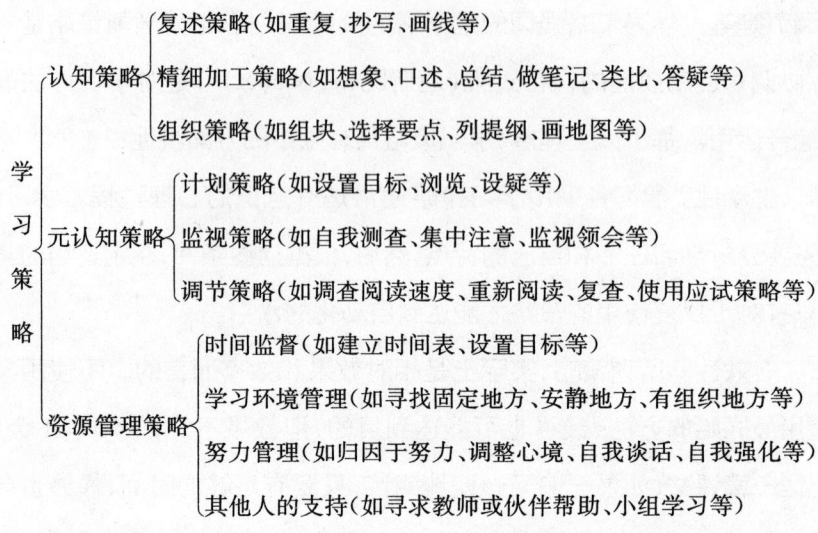

图 6-1　学习策略的分类

(转引自陈琦、刘儒德《当代教育心理学》,1997)

认知策略是优化信息加工效果、提高加工效率的一种认知技能,包括复述、精细加工和组织三种策略。复述策略是指对目标信息不断进行重复,以便能准确、牢固地记住这些信息。精细加工策略是指通过把所学的新信息和已有知识联系起来,以此来增加新信息的意义,增强记忆效果。组织策略是指梳理所学的新信息,建构其内在的联系,以增进记忆效果。

元认知策略指学习者在管理、监控和评价学习活动时所采取的手段,具体又包括元认知计划、监视、调节三方面内容。元认知计划是根据认知活动的特定目标,在一项认知活动之前计划各种活动、预计结果、选择策略、想出各种解决问题的方法,并预估其有效性。元认知监视是在认知活动进行的实际过程中,根据认知目标及时评价、反馈认知活动的结果与不足,正确估计自己达到认知目标的程度、水平,并且根据有效性标准评价各种认知行动、策略的效果。元认知调节是根据对认知活动结果的检查,如发现问题,则采取相应的补救措施;

根据对认知策略的效果的检查,及时修正、调整认知策略。

最后,资源管理策略是学习者通过对学习环境和资源的调配以提高学习效率的策略。它主要包括时间管理策略、学习环境管理策略、努力管理策略以及寻求他人支持策略。其意义比较明确,在此不再赘述。

二、元认知与学习策略的关系

理解元认知与学习策略的关系要从信息加工过程说起。从现代认知心理学的角度看,学习过程就是对信息的接受、加工、存储和提取的过程。加涅提出的学习的信息加工模型直观地展示了信息的流程。

如图 6-2 所示,信息经由感觉登记,筛选后进入短时记忆,短时记忆中的信息经过复述进入长时记忆。长时记忆以不同方式储存着个体的各类知识与经验。元认知知识就是其中一部分,它包含有关个人的知识、有关任务的知识、有关学习策略的知识。从这样一个角度看,学习策略就是存储在长时记忆中的元认知知识,它包括认知策略、元认知策略以及资源管理策略。

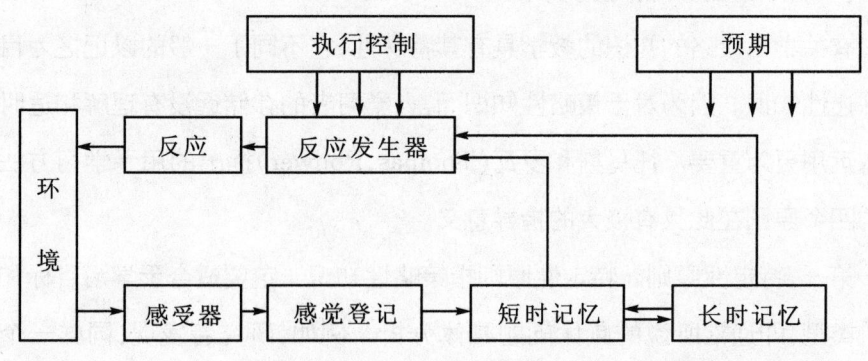

图 6-2 加涅的学习过程一般模式

拉斯韦尔把元认知划分为元认知控制和元认知知识两部分内容。元认知知识如上所言,为个体长时记忆中知识的一部分。元认知控制从性质上看与加涅学习模型中的期望和执行控制一致,它是对整个认知活动过程的高水平调控,但这种调控需要以存储在长时记忆中的元认知知识为指导。元认知与学习策略的关系如下所示:

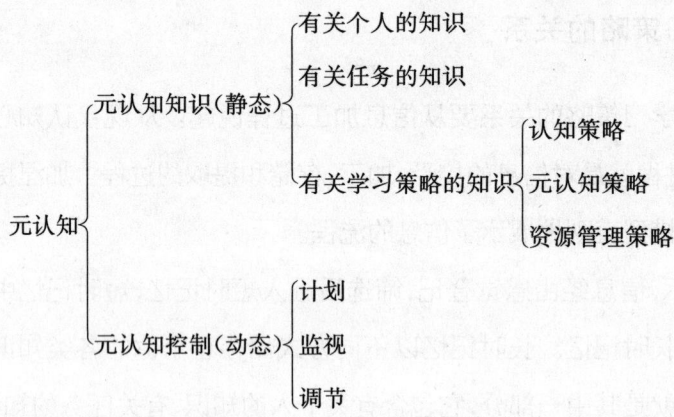

三、策略性知识的教学

(一)策略性知识的教学原则

有关学习策略的知识的教学具有其特殊性,它不同于一般的以记忆为目标的陈述性知识。因为对于策略性知识而言,学习者的存储远没有理解和适时的提取运用更为重要。托马斯和罗瓦(Thomas, Rohwer)提出的用于学习方法学习的四个原则在此具有极大的指导意义。

第一,特定性原则。特定性原则指策略性知识一定要适合于学习目标和学生的类型,即通常所说的具体问题具体分析。例如,研究者发现,同样一个策略,年长和年幼的,成绩好的和成绩差的,用起来的效果就不一样。阅读时写提纲对于成人来说可能是一种有效的学习方法,但对儿童则可能相当困难。

第二,生成性原则。生成性原则指在学习过程中要对学习策略重新加工,产生某种新的东西。这就是要求学习者进行高度的心理加工。要想使一种学习有效,这种心理加工是必不可少的。

第三,监控性原则。监控性原则指教学生何时、何地与如何使用所学策略。这个问题的重要性虽然是显而易见的,但教学实践中却经常被忽视,这可能是因为教师没有意识到其重要性,也可能是因为他们认为学生自己能行。要知道,如果交代清楚何时、何地与如何使用一个策略,那么学生就更有可能记住和应用它。

第四,自我效能感原则。自我效能感原则指相信自己能够使用某种策略,相信所学策略能够有效解决问题,从而增强学生愿意使用该策略的信心和主观愿望。学生可能知道何时使用策略,但是如果他们不愿意使用这些策略,他们的学习能力是不会得到提高的。那些能有效使用策略的人相信使用策略能影响他们的成绩。教师一定要给学生一些机会使他们感觉到策略的效力。

(二)策略性知识的教学模式

策略性知识是否需要进行专门的教学,一直备受关注和争议。一些学者认为学习策略具有内隐性的特点,是学习者通过长期实践总结、归纳出的结果,而且受到知识、经验、年龄等特征的影响,因而直接的教学其促进意义不大。但随着研究的不断开展,目前越来越多的学者认为,学习策略需要专门教学而且是可教的。许多的研究都表明开展适当的教学与训练,可以大大促进学生掌握策略性知识的进程,提高其学习的效率。对于如何开展策略性知识的教学,研究者归纳出了三种模式。

1. 通用学习策略的教学模式

这类关于策略性知识的教学不涉及任何特定的学科知识,通过单独开设学习策略课,训练学生学会一般性的方法和技术,鼓励学生在今后知识学习中积极使用这些技术。比如训练学生对组织策略的使用,训练者可能从不同的知识领域选取一些材料,要求学生学习、记忆,在此过程中向学生展示如何重组材料(如使用概念关系图),通过反复练习,使学生达到对该策略的掌握。这类模式的设计和训练者一般以专业研究者居多。

2. 学科学习策略的教学模式

这类模式中将学习策略训练与具体学科学习内容相结合,传授那些与特定学科密切相关的学习策略。如数学应用题解题中的辅助图策略,语文阅读中的主动提问策略,英语写作中的主题句策略等等。这种训练模式由于针对性强因而对学科学习帮助较大,不足则在于学生掌握的策略对其他学科用处不大,缺乏广泛的迁移性,此类模式的设计和训练者一般以学科教师居多。

3. 交叉学习策略教学模式

这类模式将前面两种模式结合在一起,先独立地教授通用学习策略,包括学习策略的意义、具体操作程序,在此基础上再与具体的学科内容结合起来,根据具体学科情境的差异,指导学生把所学的策略运用于具体学科。无疑这类模式克服了前两类模式的不足,相互取长补短,可以获得较好的教学效果和广泛的可迁移性。在实践中值得总结和推广。但这种模式对设计和训练者提出了较高要求,他们既需要有关学习策略方面的专业性知识,又需要有关特定学科的专业知识。

(三)策略性知识的教学方法举要

1. 指导教学法

这种教学法与传统教授法十分类似,它由激发、讲解、练习、反馈和迁移等环节组成。在教学中,教师先向学生解释所选定的学习策略的具体步骤和条件,在具体应用中不断给予提示,让其口头叙述和明确解释所操作的每一个步骤以及报告自己应用学习策略时的思维,通过不断重复这种内部定向思维,可以加强学生对学习策略的感知、理解与保持。同时,教师在教学中依据每种策略选择许多恰当的实例来说明其应用的多种可能性,使学生形成对策略的概括化认知。教师提供的事例根据学生的认知水平,由简到繁,使学生从单一策略的掌握逐渐发展到多种策略的综合掌握。

2.程序化教学法

这种教学方法就是把程序活动的基本技能分解成为若干明确的、小的步骤,作为固定程序,要求学生按此一步步进行,通过反复练习达到自动化的程度。其基本过程为:第一,将策略活动进行分解,分解为可执行的、明确的步骤。第二,通过活动实例示范各个步骤,指导学生分别掌握。第三,要求学生记忆各个步骤,坚持练习,到达自动化程度。

以 SQ3R 阅读策略为例,教学中把阅读策略分解为五个明确步骤,每一步用简练的词汇标示出来,教学时指导学生一步步掌握。SQ3R 意义如下:

Survey——浏览,也就是通过阅读你要学习的材料的部分章节,比如章节要点、概要、学习目的列表、序言、结语等,对整个资料做个概览,以获得对整个材料的总体的把握。

Question——问题,在正式开始详细阅读资料片段之前,要有明确而简洁的问题,最好是写下来。这个步骤,能够帮助人们在阅读的时候集中于章节的关键部分。

Read——阅读,认真、积极而带着批判性的眼光的阅读。第二步不是准备了些问题么,在阅读的过程中就可以自己试着找到答案,在这个过程中,往往会发现新的问题紧随而来。你可以细想所阅读材料的含义,思考可能的例外和矛盾之处,检验书中的假定等等。

Recite——陈述,在这一步,可以给自己或者学习伙伴重述或者解释一下你所阅读的材料,也可以回答自己早些时候提出的各类问题。这个过程能够帮助学习者明确自己对所阅读材料的理解和掌握程度。

Review——复习,对前面几个步骤的重新回顾和反思,能够让自己注意到资料的不同部分是如何整合一起,同时也有助于发展学习者对学习内容的全景式的认知。

3. 互动合作教学法

这种教学方法强调同伴间的相互作用和影响,学生在一个能力不同的小组里一起学习。比如,史蒂文斯(Robert, J. Stevens)提出一种叫作"合作性整合阅读和作文"的教学方法,四人组成一个阅读小组,每组分成两对,每组中两个人阅读水平不同,上课时各个小组的每一对进行一系列的阅读活动,包括彼此读给对方听,彼此总结故事等。当小组感到他们学完之后,各成员进行测验,个人得分计入小组总分。通过学生间的相互影响,达到掌握某种学习策略的效果。

布朗和帕林萨(Brown, Palincsar)曾提出一种旨在改进学生阅读理解和自我监控策略的教学方法。具体做法是:教师和几名学生组成一个小组,共同阅读一篇文章,在阅读的过程中可以停下来讨论阅读的内容。小组中的学生轮流充当老师,提出问题,引导讨论。在讨论过程中,通常会使用以下四种有效的策略:(1)做小结,识别出文章的主题思想和主要观点;(2)提问,在阅读的过程中间向自己提问,确保理解所读过的内容;(3)澄清,如果发现自己不能理解或理解不清的内容,采取一些合适的步骤(如解释、重复阅读)把问题澄清;(4)预测,根据自己当前阅读的内容,预测文章后面可能出现的内容。研究显示,通过观察模仿教师和学生的阅读行为,可以帮助学生学习掌握有效的阅读行为。

第三节　有关动机、信念方面知识的教学

一、有关动机与信念的基本知识

学习动机与相关信念不仅给学生的学习活动提供动力,而且还制约着学习方向和进程。对学习动机与信念相关知识以及作用,不仅教育工作者需要了解,而且学生自身也应有所了解。

(一)学习动机

学习动机是直接推动学生进行学习的一种内部动力,它的主观体验形式是学习者的学习愿望或者学习意向。从内外维度可以把学生的学习动机分为内部动机和外部动机。内部动机是指个体出于对学习本身感兴趣所引起的动机,动机的满足在活动之内。外部动机是指个体由外部诱因所引起的动机,动机的满足在活动之外,主要是对学习将带来的结果感兴趣。具有较强内部动机的学生能在学习活动中得到满足,他们积极参与学习过程,具有好奇心,喜欢挑战,在解决问题时具有独立性。具有外部学习动机的学生常常依据外界诱因、奖惩来指引行动,一般情况下一旦达到目的,学习动机就会迅速下降,在学习过程中他们往往采取避免失败的做法,容易受到失败打击而一蹶不振。

学习动机的理论很多,大部分理论也都容易被理解,对指导学生学习具有现实意义,这里介绍其中两个理论。

1. 成就动机理论

成就动机是指个体对自己认为重要或有价值的工作,不但愿意做,且力求达到更高标准的内在心理过程。简言之,就是要求获得优秀成绩的欲望。

阿特金森(J. W. Atkinson,1963)是成就动机理论的主要代表人物,他认为成就动机由两种不同因素或相反倾向组成:一种是追求成功的动机,是人们追求成功和由成功带来的积极情感(如自我满足、自豪)的倾向性,表现为趋向目标的行动;另一种是避免失败的动机,是人们避免失败和失败带来的消极情感(如羞耻、屈辱)的倾向性,表现为想方设法逃脱成就活动,避免料想中失败的结果。追求成功的动机或倾向是三个因素作用的结果:追求成就动机的强度、在某项任务上成功的可能性、成功的诱因值,三者数值越大,则追求成功的动机或倾向也越强;避免失败的动机或倾向则是避免失败动机的强度、完成某项任务失败的可能性以及避免失败的诱因值的函数。每当一个人面临任务时,这两种动机在个体身上同时起作用,每个人的成就行为是这两种动机综合作用的结果。如果一个人追求成功的动机高于避免失败的动机,这个人就会努力去追求特定的目标,表现为趋向成就活动,敢于冒风险去尝试并追求成功;反之,他就会去选择那些减少失败机会的目标,成就动机水平低,表现为逃避或抑制参与成就活动,退缩不前,畏首畏尾,无所作为;当两种动机力量势均力敌时,便会产生心理冲突,体验抉择的痛苦。

2. 强化理论

强化理论是由行为主义心理学派的理论家们提出的。他们认为人的一切行为都是后天在环境中通过条件反射的方式建立和形成的,而动机则是由外部刺激引起的一种对行为的激发力量。外部刺激对行为的增强作用就叫作强化。在人类行为的习得过程中,强化是一项必不可少的因素,它使外界刺激与学习者的反应之间建立起条件反射,并通过不断重复使二者的联系进一步加强和巩固。

从性质上分,强化刺激可以分为物质强化和精神强化两种。物质强化包括有形奖品的奖励和剥夺,精神强化则包括表扬、称赞、积极的关注或批评等。心理学家班都拉将强化分为三种方式:一是直接强化,即当学生出现某种行为时,直接给予一定的强化刺激,使学生行为重复出现的概率增加。比如,当学生学习刻苦努力,成绩优异时,立即给予鼓励和奖励,属于对学生的优异学习行为的直接强化。二是替代性强化,即通过一定的榜样来强化相应的学习行为或学习行为倾向。比如,通过观察了解其他同学是如何有效学习和取得优异成绩的,对自己可以起到强化作用。三是自我强化,即学生在活动中给自己确定一个标准,并在每次达到这个自定的标准时便进行自我奖赏。其结果是,这些能为自己制定奋斗目标并能进行自我奖赏的学生,与由别人给予奖励的学生在学习上同样富有成效。有些研究表明,善于自我奖赏的学生,其学习动机的持久性超过由别人给予奖励来激发其学习动机的学生。

(二)信念

信念就是自己认为可以确信的认识、观点和看法。信念是意志行为的基础,人会按照自己所确信的观点、原则和理论去行动。信念是一种心理动能,其作用在于通过士气激发人们潜在的精力、体力、智力和其他各种能力,以实现与信念相应的行为志向和目标。在此我们所说的信念是指学生在学习方面形成的确信不疑的一些基本认识和观点。主要涉及以下内涵:

1. 自我效能感

自我效能感(self-efficacy)的概念是班杜拉提出来的,他把自我效能感定义为"对产生一定的结果所需要的组织和执行行为过程的能力的信念"(Bandura, 1997)。自我效能是指人们对自己实现特定领域行为目标所需能力的信心或信念,通俗地说就是个体对自己能够取得成功的信念,即"我能行"。

自我效能感不同于自我观念。自我观念是关于自我的一般观念,是个人对自己多方面知觉的总和,其中包括个人对自己的情感、能力、兴趣、欲望,以及个人与别人的关系的了解等,也包括自我效能感。自我观念是通过内外比较而发展起来的,它需要利用其他人或自我的其他方面作为参照框架。自我效能感只涉及成功完成某项任务的能力,不需要比较,它涉及的问题是你是否能完成该任务,而不涉及其他人是否成功。自我效能感对行为有很强的预测作用,而自我观念没有这样的预测作用。

自我效能感通过确立目标来影响动机。如果某人在某一领域有较高的效能感,他将确立较高的目标,而且较少担心失败,最后影响其策略的选择。如果某人自我效能感低,他将不仅不可能确立高目标,而且可能回避困难的任务,"甘拜下风"。

班杜拉等人的研究指出,自我效能感具有下述功能:(1)决定人们对活动的选择及对该活动的坚持性;(2)影响人们在困难面前的态度;(3)影响新行为的获得和习得行为的表现;(4)影响活动时的情绪。而以上这些影响显然均可体现在学生的学习活动之中,因而学习中的自我效能感是极为重要的信念。

2.控制点与归因

所谓控制点,是指人们对控制自己行为的原因或心理力量的看法。学习者在控制点上存在差异,有的学生把行为结果的原因归结为内部因素(内控者),如努力程度、能力水平等;相反,有的学生把行为结果归结于外部因素(外控者),如学习材料、运气、机遇等。研究表明内控者往往成就动机水平高,不论成败均能全力以赴投入学习,学习兴趣浓厚,责任心强。在学习目标和学习任务的确立方面,他们一般选择富有挑战性的任务,并力求完成。外控者失败易灰心,他们对学习缺乏兴趣,责任心差,抱有侥幸心理和听天由命,在学习目标和任务的选择上往往倾向于低难度,或者不切实际地选择过高难度的任务,结果往往不能完成。

归因理论可视为控制点理论的延伸和扩展。归因是人们对导致自己行为结果的原因的认识和评价。心理学家维纳认为导致个体行为的原因可从内外源、稳定性和可控制性三个维度去分析,内外源即是前面所谈控制点,稳定性是指该因素是否容易改变而言,可控性是指产生行为结果的原因是否在个体(包括他人)可以操控的范围内。

研究发现内外源与可控性两个维度的归因对个体情绪影响较大。内部归因会引发与自我价值有关的情绪体验。例如,当人们将成功作内部归因时,会体验到自豪、自信、自我胜任、自我满意等与积极的自我价值有关的情绪;而当人们将失败作内部归因时,会体验到自卑、羞愧、自我厌弃等与消极的自我价值有关的情绪。外部归因与之相反,无论是成功还是失败,都不会导致与自我价值有关的情绪体验。在可控性方面,将失败归于可控制的原因,会感到内疚;将失败归于不可控制的原因,会感到羞愧。如果将失败归因于他人可以控制的原因,即认为他人对自己的失败负有责任时,就会感到愤怒;如果将失败归因于他人不可控制的原因,就会埋怨。如果将成功归因于他人可控制的原因,即认为这种成功是因为他人自愿或有意的帮助、努力产生的,就会产生感激之情;如果人们将成功归于他人不可控制的原因,则通常不会产生指向他人的情绪。

稳定性维度的归因与未来的期望密切相连。将成功归于稳定的原因,会增强希望、自信;将成功归于不稳定的原因,则会感到担忧、惧怕。将失败归于稳定的原因,会产生失望、焦虑甚至自暴自弃;如果将失败归于不稳定的原因,则会感到还有希望,相信通过自己的努力,下一次可能取得成功。

3. 有关能力的信念

心理学家认为存在两种能力观,即能力不变观和能力增长观。前者意味着能力是稳定的、不可控制的个人特质。据这种观点,有些人的能力比其他人强,而且每一个人的能力都是固定不变的。后者意味着能力是不稳定的、可控制的。通过努力学习和实践,随着知识增加,能力也会随之增长。

持智力不变观的学生倾向于确立成绩目标,他们既希望使人感到聪明,但又可以保护自己的自尊。他们选择做那些他们擅长又不要花太多努力的事,因为对他们来说,太卖力或失败都意味着能力低下。这种学生保护自尊的另一种策略是什么事也不做,因为你什么也不做,而你失败了,就没有人能责怪你无能。持智力可以改变观的学生倾向于确立任务目标,他们希望提高自己的能力,因为对他们来说,能力的提高意味着聪明。失败不意味着没有希望,只意味着还需要更加努力,他们倾向于确立中等偏难的目标,这种目标具有最大的激励作用。

二、培养、提升动机与信念的训练和教学

了解一些基本的学习动机与信念的知识对学生来说是必要的,教师要以学生能够理解和接受的形式传递这方面的知识,而更为重要的是要通过合理的训练和教学让学生自觉地、有效地应用这些知识,发挥知识的效用,调节和促进学习。

(一)使学生有效掌握强化技术的使用,尤其是自我强化技术,激发和维持自身的学习动机

为了激发维持学习动机,应该有效地利用各种强化。其中自我强化尤为重要,所谓自我强化是指个体依据强化原理安排自己的学习活动,每达到一个目标即给予自己一点精神的或物质的酬报,直到最终目标完成。在强化问题上,以往教育者往往更多关注了外部强化,如老师的表扬、家长的鼓励以及物质奖赏等,不可否认这些外部强化是必要的,但随着儿童年龄的增长,教师应该有意识地引导他们主动实施自我强化,这样才能不断提升学习的内部动机,防止由于外部奖励导致的内部动机反被削弱现象发生。

(二)对学生进行成就动机训练

成就动机是在一定条件下形成和发展的,可以通过训练加以培养。科尔布采用"暑假训练班"的方式,对高中落后学生进行了六个星期的成就动机训练,并且在训练后、半年后、八个月后和一年半后分别进行了追踪测验,结果发现,

成就动机训练不仅提高了学生的成就动机水平,而且提高了学生的学业成绩。

成就动机的训练可以分为六个阶段:第一阶段为意识化,通过讲座、谈话和讨论,让学生意识到成就动机的重要性,注意与成就动机有关的行为。第二阶段为体验化,让学生进行游戏或其他活动,从中体验成功与失败、选择目标与成功或失败的关系,成功的情绪体验,认识获得成功的行为策略。第三阶段为概念化,引导学生在体验的基础上理解与成就行为有关的概念,如"成功"、"失败"、"目标"、"成就动机"等等。第四阶段是练习,实际上是前两个阶段的重复。多次重复使学生不断加深体验和理解。第五阶段是迁移,使学生把学到的行为策略应用到学习场合中去,不过这时的学习场合往往是教师有意安排的特殊场合,这种场合具备学生可以自选目标、自己评价、体验成败等条件。第六阶段为内化。这时取得成就的要求成为学生自身的需要,学生可以自如地运用所学到的行为策略。

很多研究表明,对成就动机进行训练是有效果的。直接效果表现为受过训练的学生对取得成就更为关心,并能够根据自己的实际情况去选择所追求的目标;间接效果是能够提高学生各学科的学习成绩。这些效果在原来成就动机低而学习又差的学生身上更为明显。

(三)提升学生的自我效能感

班杜拉等人的研究指出,影响自我效能感形成的因素主要有以下四个方面:第一,个人自身行为的成败经验。一般来说,成功经验会提高效能期望,反复的失败会降低效能期望。第二,替代经验。人的许多效能期望是来源于观察他人的替代经验。这里的一个关键是观察者与榜样的一致性。第三,言语劝说。因其简便、有效而得到广泛应用,但缺乏经验基础的言语劝说其效果往往是不巩固的。第四,情绪唤醒。班杜拉研究发现,高水平的唤醒使成绩降低而影响自我效能,当人们不为厌恶刺激所困扰时更能期望成功。上述四种信息对效能期望的作用依赖于个体对其是如何认知和评价的。人们觉察到效能的程度取决于任务的难度、付出努力的程度、接受外界援助的多少、取得成绩的情境条件以及成败的暂时模式,班杜拉的社会学习理论认为,这些因素作为效能信息的载体影响成绩,主要是通过自我效能感的中介而发生的。

以上因素是影响自我效能感形成的因素,也是提升学生自我效能感的着手点。要使学生产生和提升学习的自我效能感,首先要创设条件,使学生产生成功体验。成功的经验使人意气风发、雄心勃勃,失败的经验往往使人灰心丧气,失去信心,甚至产生习得性无助。因此,要针对学生的情况,提供适度的学习任务和标准,使学生学习从成功开始,在学习进程中获得和不断提升自我效能感。其次,可通过树立榜样来增强学生的自我效能感,如果学生观察到和自己水平差不多的同学在学习活动中取得了成功,就会增强其自我效能感,认为自己也可以完成同样的任务,可能取得相似的成绩。第三,通过言语说服和激发士气来增强学生的自我效能感。通过言语劝说,改变学生的不合理认识,建立恰当的目标,回顾成功经验,激发积极进取的情绪和意志力,提高士气,可以短时间内提升学生的自我效能感,如果有随后的成功相伴随,自我效能水平可以得到较持久的提升。

(四)进行归因训练,指导学生正确归因

德威科(Dweck)曾对一些数学成绩差而又缺乏信心的学生进行归因训练。在训练中,让学生做一些数学题,有的成功了,有的没有成功。成功的时候,告诉学生这是努力的结果;没有成功则告诉学生是努力不够。经过训练后,学生不仅形成努力归因,而且增强了学习信心,提高了学习成绩。可见,归因训练对学生是很重要的,因为归因作为比较稳定的认知方式,能够诱发不同的情绪状态,从而影响学生的学习行为。

归因训练的目标就是要避免不期望的归因,形成期望的归因。不期望的归

因就是那些会给学生带来消极影响的归因,期望的归因是指那些会给学生带来积极影响的归因。归因训练可参照以下步骤设计和完成:第一,了解学生的归因倾向;第二,让学生进行某种活动,在其中获得成败体验;第三,让学生对自己成败进行归因;第四,引导学生进行积极归因。归因训练可以通过观察学习、团体讨论、强化矫正等方法进行。

第七章 教学情境中的元认知训练及效果研究

元认知问题的研究具有极大的应用价值,其目标在于通过元认知机制的研究、元认知与学习成绩及其他相关因素之间关系的研究,探索发现促进学生元认知发展的策略与方法,提高其学习能力和成绩。元认知训练就是以促进儿童元认知发展为目标的综合训练,有多种模式存在,因其与教学实践的紧密结合,具有很强的操作性和良好的效果,因而受到教育界尤其是一线教师的欢迎和认可。本章将介绍不同思路指导下的一些元认知训练案例,希望能对元认知研究在教学情境中的应用提供借鉴。

第一节 元认知训练与教学概说

一、元认知训练的意义

(一)充分利用个体的认知能力

元认知的实质是主体对认知活动的自我意识和自我调节,它是一种"有意识的"活动过程,也就是说,元认知是受控制的、有意的慎重思考。很显然,很多学生不会对自己的思考进行思考,这就意味着不能控制自己的信息处理过程,也就难以在最大限度上利用自己的认知能力。因此,元认知和认知尽管是不同的概念,但元认知水平在相当程度上影响着个体认知能力的发挥。如果个体元认知水平较低,认知能力达到高水平也往往很困难,因为元认知是认知活动的高层监控、调节系统,它计划、选择、控制、调节与协调各种认知要素,使认知能力得以最好地发挥。反之,如果一个人有较好的元认知能力,那么即使认知能力水平一般,也能在解决问题中有较好的表现,可以说在一定程度上,元认知发展水平可以弥补一般认知能力不均衡造成的认知困难。

(二)开发智慧潜能

早期的智力理论聚焦于个体的认知能力,很少涉及元认知。根据当代心理学家斯滕伯格的智力三维理论,元认知是构成智力的一个关键成分。斯滕伯格认为智力是复杂而多层次的,一个完备的智力理论必须说明智力的三个方面:即智力的内在成分;这些智力成分与经验的关系;智力成分的外部作用。为此他提出智力成分的亚理论、情境亚理论和经验亚理论。成分亚理论认为,智力包括三种成分及其响应的三种过程,即元成分(用于计划、控制和决策的高级执行过程,如确定问题的性质,选择解题步骤,调整解题思路,分配心理资源等)、操作成分(表现在任务的执行过程,是指接受刺激,将信息保持在短时记忆中并进行比较,它负责执行元成分的决策)和知识获得成分(指获得和保存新信息的过程,负责接受新刺激,做出判断与反应以及对新信息的编码和存储)。在智力成分中,元成分起着核心作用。成分亚理论与个体的内部世界相联系,另外两个亚理论分别强调了个体生活的文化背景和已有经验在智力中的作用。

从以上对斯滕伯格的智力理论的介绍可以看出,他所强调的元成分就是我们通常所说的元认知。因此,对学生开展科学系统的元认知训练对开发其智慧潜能是有重要作用的。

(三)促进学习者由新手向专家转变

过去几十年中学者们研究发现,新手和专家型学习者在阅读、学习和解题方式等方面都存在区别。第一,相对新手,专家学习者有较多的课程知识,学习和解决问题时善于在概念之间寻找复杂的联系和相互关系;第二,专家型学习者在开始解决问题时试着首先理解问题,寻找问题的边界,然后试着构造一幅所有问题所限定的可行的心理图像。新手则往往看到问题就一头栽入,试图直接解决;第三,从元认知的角度看,专家型学习者在学习时是"带有目的性的、引导注意的和自我提问的",新手则对哪些是"认知上成功的必要因素"知之甚少。具体而言,专家会根据手头特定的任务来调整自己的学习、阅读和解决问题的策略,新手则往往采用可能不适当的呆板的策略。专家型学习者利用自己的预测力,把握重点选择加工,新手则企图利用所有的信息,缺乏选择性。

当今,"学会学习"成为教育界的一个响亮口号。学会学习即从一个学习新手成长为专家型学习者,学习中元认知能力和水平的提高是促成这一转变的关键性因素,元认知训练是帮助学生学会学习,成为专家型学习者的不可或缺的途径。

二、元认知能力的要素与元认知训练的实质

在此,元认知能力主要指元认知结构中的动态成分,是学习者对各种认知活动的计划、监测和调节的技术。

(一)元认知计划

元认知计划是指根据即将展开的认知活动的性质和特点,进行有效的准

备、设定合理目标、考虑和选择适当方法与策略,预估其有效性。

计划是开展活动的准备,这就如同在篮球比赛中,教练在每场比赛之前都会分析对手的特点,然后制定对策。认知活动也是如此,事先要进行充分的准备,而不是被动地等待或者是出现问题才匆忙应对。元认知计划包括设置目标、浏览材料、设置思考题以及分析如何完成学习任务。元认知发展水平高的学生并不只是被动地听课、做笔记和完成作业,他们会进行准备,先浏览材料,确立重点,也会预测完成作业所需时间,寻求最佳的策略。在元认知计划中,目标设定和学习时间分配与管理是两项重要内容。

1. 学习目标的制定

学习目标在学习中发挥着重要的作用。第一,目标要具有现实性。也就是说要根据自己的能力和任务难度,所制定的目标能在一定的时间内实现,不是可望不可即的目标。第二,目标要明确而具体,是可以测量的,具有时限性的。总体目标往往被分解为一个个具体的小目标,每个小目标都符合明确、具体、可测量、有时限等标准,学习者在完成这些目标时不断获得成功体验,最终得以实现大目标。

2. 学习时间分配与管理

学习时间分配是元认知计划的重要内容,学习者对学习时间分配通常有以下策略:第一,求实策略。相对准确地确定自己每天的活动内容及其所需时间,这样可以精确地获得能够用于学习活动的时间总量,然后根据不同活动类型进行合理分配。第二,差异策略。按照任务的轻重缓急分配时间,在重要的、难度大的学习内容上分配更多的时间。第三,充分策略。集中精力和时间完成某一项特定任务,给予充足的时间以保证任务顺利完成。元认知发展水平较高的学习者能够根据任务性质、要求以及自身特点灵活地运用以上三种时间分配和管理策略。

(二)元认知监测

在学习活动中,元认知监控是指个体利用某些标准评估自己学习进展的过程。它是一种执行过程,是对思维过程和结果进行的实时评价。一般来说,元认知监控包含两个步骤:第一,辨别出自己要监控的行为;第二,记录、评估自己所监控行为的某些方面(如频次、持续时间等)。

兰(W. Y. Lan)研究表明,元认知自我监控能够改善学生的学习成绩和课堂表现。当学习者进行自我监控时,他们运用复述、记忆、自我评价、环境营造、复习先前的试题和作业等自主学习策略的次数明显增加;他们对当前使用的学习策略的有效性以及他们所处学习环境的适切度,都保持着高度的关注。

(三)元认知调节

元认知调节是根据对认知活动结果的检查,如发现问题则采取相应的补救措施,对认知活动进行及时的修正、调整。元认知调节与监测相辅相成。例如,当学习者监测到没有理解课文的某一个段落的时候,就会退回到困难的段落,放慢速度,给予更多时间,联系前后内容深入理解,这就是元认知调节。可以说没有准确的监测,也就不会有有效的调节。

元认知训练就是对以上元认知能力的培养和开发。其主要内容有:第一,教会学生如何根据自己的特点以及材料和学习任务的特点和要求,灵活地制定相应计划,采取适当的有效策略;第二,帮助学生进行好自我监测,对自己是否理解、学习和掌握程度如何、测验中的表现如何等问题做到心中有数;第三,掌握那些能够提升他们学习效果的技能和程序,知道何时去用,如何去用,尤其当学习活动遇到困难出现问题时能及时做出调整。概括而言,元认知训练的实质就是帮助学生学会学习,整合各种认知能力,高效率地完成学习活动。

三、元认知训练的模式

元认知训练有很多方法和模式,国内一些学者曾对此做过梳理和总结。如莫雷将国外有关元认知训练的方式归为四类:自由放任式、直接传授式、元记忆获得程序模式和波利亚的启发式自我提问。张庆林则将元认知训练方式总结为四种:言语化训练法、他人提问法、自我提问法和先行组织者运用法。以上两位学者都是主要根据元认知训练实施的具体形式进行的分类。此外一些学者根据元认知训练的内容、使用范围以及与学科知识结合的程度进行分类,如师保国将训练方法归纳为:通用型、结合一般学科型和结合具体学科型三类,杨莲清等人将元认知训练划分为通用型、策略性和学科型三类(以下分类和介绍较多参考该学者的这一划分)。在此,我们综合不同学者观点,把元认知训练分为通用型、学科性、综合型三种模式加以介绍。

(一)通用型

通用型元认知训练主要指那些能够通用的、不直接与学科领域知识相挂钩的训练教程。这种类型的训练教程很多,大都以发展学生的思维能力为目标,旨在提高元认知技能。其中自我提问训练即为非常具有代表性的一种。

自我提问训练通过提供一系列供学生自我观察、自我监控、自我评价的问题列表,通过不断地促进学生自我反省而提高其问题解决能力。自我提问问题列表一般包括自我计划、自我监控、自我评价三部分。

自我计划问题包括:这个问题是什么?现在我打算干什么?关于这个问题我目前知道些什么?已经给出了哪些信息?这些信息有什么用?我的目的是什么?我有哪些办法?等等。

自我监控问题包括:我按照计划做了吗?是否需要一个新的计划?我的目

标变了吗？现在的目标是什么？我的思路正确吗？我是否在逐渐接近目标？等等。

自我评价提问包括:哪些策略起了作用？哪些策略没有起作用？下一次应该加入什么不同的策略？等等。

学生在学习和解决问题时起初不断对照题目反问和反思,经过一段时间训练达到自动化思维。

我国学者张庆林提出一个针对问题解决的三阶段通用型元认知训练模式。在该方案中,训练者把问题解决分为:分析题意、解答问题、思路总结三个阶段,专门编写了7条元认知训练策略供训练使用,每个阶段上分别设计了元认知自我提问问题。第一阶段问题为:(1)怎样寻找思路？化简未知条件了吗？(2)是否考虑几条思路并优先考虑最优思路？第二阶段问题为:(1)充分地进行双向推理了吗？(2)是否需要用代数法巧解？(3)怎样做巧妙的辅助线？第三阶段问题为:(1)这个题的思路特点是什么？(2)这个思路还可以用来解决什么问题？训练中,先用现实生活中的实例进行讲解,然后反复训练,达到学生能够自觉进行有序思考的程度。

通用型元认知训练方法有其独特的优势,表现为训练过程比较系统,便于实施,通过开设一门专门的思维训练课即可对学生进行全面的训练。这种元认知训练使用范围广泛,科学合理的设计、安排可以使元认知知识和能力有效的获得和迁移。但它的设计者和实施者更多为具有心理学、教育学等学科背景的研究人员,一线教师由于知识背景、学科背景所限,在训练实施上可能会存在一些困难。

(二)学科型

学科型训练就是结合具体学科如数学、语文、物理、生物等知识的学习和问题解决过程培养学生的元认知能力。以下就以数学、语文为例加以说明。

在数学方面,美国的波利亚(Polya)曾提出解决数学问题的启发式自我提问法。这一方法包括四个步骤:理解问题、拟定计划、执行计划与回顾。在每一步中,训练者都给学生提供一系列供他们自我提问的启发式问题,这些问题与前面提到的自我提问训练中的问题相似,但针对特定学科内容的学习因而更为具体。研究表明,经过训练,学生能力得到提升。我国学者张庆林曾设计"解决平面几何问题的思维流程图"指导学生一步步思考,以此训练学生解决几何问题的元认知监测水平,实验效果明显。当然,还有许多学者结合数学知识学习和问题解决设计了不同的元认知训练模式,大都取得了较好效果。

在语文学科领域,人们针对阅读和写作提出了许多元认知训练方法。其中元认知干预教程、ILS 教程等都有着较大的影响。元认知干预教程是为提高学生的阅读成绩而设计的,它包含两种形式的自我指导训练:故事语法训练和归因训练。前者运用五个有关背景和事件的问题作为有效的阅读策略要求学生通过训练掌握,后者则用来强调提高学生运用策略的可能性。ISL 教程又叫直接传授学习策略教程。这项研究有八百多名小学三、四年级学生和四十多名小学教师参加。研究结果表明,阅读的元认知策略能够直接交给学生,学生接受训练后,在自己的课程学习中能正确地、自动地使用这些策略。

国内外大量的研究证明,在具体的教育教学过程中结合元认知技术采用适当的训练措施,能极大地促进学生元认知能力的提高。学科型的元认知训练便于教师掌握使用,可以贯彻到日常学科教学活动中,也有较好的迁移效果。当然,也有一些学科型元认知训练由于过于接近具体学科,因而影响了训练的元认知训练的概括性,迁移效果较差。

(三)综合型

综合型元认知训练意指结合通用型与学科型训练,融合元认知和认知,以培养智力和智能为目标的训练方式。这种训练往往以斯滕伯格三维智力理论为基础,以元成分的训练带动提升整体解决问题的能力。其中"工具丰富教程"被斯滕伯格评价为最为优秀的元成分训练课程。

工具丰富教程由弗斯坦(Fcucrstein)等人以认知结构可变性理论为基础而设计,目的是帮助人们弥补认知功能缺陷,提升儿童对新事物进行独立思考的能力。训练材料由 15 套系列强化工具组成,如点的结构(即把零乱的点勾画成一组几何图形)、空间定向、比较、分类、分析知觉(即把左右两列图形搭配起来,构成与模型一致的整体图形)、家庭关系、时间关系、数的序列、三段论法则和关系转换等,弗斯坦对强化教程进行了较长期的实验。结果表明:在一些主要项目诸如培养抽象逻辑思维以及分析问题等智力技能方面,实验组优于对照组。弗斯坦重视中介学习经验的作用,强调通过给儿童提供思维工具来使儿童学会独立学习和解决问题。

四、元认知训练的通则

有关元认知训练方面的研究已经积累了大量的成果和经验。尽管在这一领域有关训练的内容、形式、效果方面也存在不少争议,但对训练中应坚持的保障成功的一些基本原则也已形成共识。

第一,训练中要努力提高学生元认知学习的意识。主要包括:(1)把握自己学习特点的意识,充分了解自身的特点;(2)对学习过程进行自我调节的意识,培养学生在学习过程中能有意识地进行自我调节;(3)清晰了解任务的意识,明确任务的性质、特点和要求;(4)掌握学习材料特点的意识,认真分析每种学习材料的性质、结构和难度等;(5)使用策略的意识,要求学生根据学习任务和学习材料有意识地选择并运用有效的学习策略。

第二,丰富学生元认知体验。在学习过程中,不断强化元认知知识的应用,同时通过创设问题情境、提供反馈等方式,诱发学生产生相应的情感体验,从而提高元认知水平。

第三,加强对学生元认知操作的指导。为使元认知训练取得较好的效果,教师应根据学习过程的特点,按阶段有针对性地进行元认知指导。在学习活动前,要指导学生对学习活动进行计划和安排;学习活动中,要指导学生进行监控、调节和选择使用适当的策略;学习活动后,要指导学生进行评价、检查、总结、补救等。元认知训练中,教师积极地促进、示范和指导是影响训练效果的关键要素。

第二节 通用型元认知训练对小学高年级学生学业成就的影响

元认知是个体所具有的关于自身认知过程的知识和调节这些过程的能力,是对思维和学习活动的认知和监控。弗拉威尔指出元认知可以被广泛地理解为"任何以认知过程与结果为对象的知识或者任何调节认知过程的认知活动"。元认知在记忆编码、提取、问题解决等一系列与学习相关的认知活动中起着重要作用,同时也对影响学习的各种内外因素起到协调与整合作用,因此,元认知概念引入教育心理学领域之后,它与学生学业成绩的关系问题自然成为研究者的关注点。不少研究证实了元认知与某些具体学业成绩的密切相关,如在阅读理解方面,研究者一致发现对于自身理解过程的意识和有效监控是区别娴熟读者(skilled reader)、新手(novice reader)和阅读能力较差读者(poor reader)的关键所在,元认知技能和水平的差别可用来解释较大部分阅读差异。在数学问题解决方面,研究发现,元认知在数学问题解决的开始阶段和最后的解释及计算结果的检查阶段起着非常重要的作用。当任务具有挑战性但并不超出学生现有技能范围时,元认知的重要性尤为明显。一方面元认知与某些学业成绩密切相关,另一方面它又可以通过适当的训练得到提高,因而通过元认知训练达到提高学生学业成绩的目标从逻辑上讲是完全合理的,也正因如此,教育心理学研究中关于元认知方面的研究成为近年来一个持续的热点。

一、问题提出

在进行了充分的文献回顾之后,我们认为这一领域研究中有两个问题仍需进一步澄清:其一,元认知与学业成绩关系研究多是在一些具体学科领域或是在某些更具体的学业任务层面上展开的,如阅读、写作、数学问题解决、语言学习等。但有关非针对性的、综合的元认知训练对学生学业成绩的综合影响方面的研究却很少,而目前在国内后者可能更具现实意义。其二,年龄是影响元认知训练及其对学业成绩效果的一个重要因素,因为个体元认知能力有一个发展过程。从有关元记忆方面的研究来看,施奈德等人(Schneider)对现有研究进行概括后指出,到11、12岁时个体就基本上具备了有关记忆的各种知识。从对学习过程的自主调节方面的研究来看,10~12岁儿童与6~8岁儿童相比具有较高的对学习过程的调节能力,他们已经开始自觉的使用更多的时间去学习困难的材料。从这些研究推断,小学高年级学生似乎已经具备接受综合元认知训练的可能性。国内大多取得训练效果的研究都是以中学生为被试进行的。在小学中高年级能否开展一般元认知训练以及训练能否对其学业成绩产生综合影响还缺少实证研究的支持。

基于以上两点,本研究旨在考察小学中高年级通用型元认知训练的可行性及这种训练对学生学业成绩的综合影响。

二、研究方法与程序

(一)被试

本研究被试来自河北省一所普通小学,在对班容量、任课教师和以往成绩等因素进行匹配后,选取四年级两个班分别作为实验班和对照班。实验班50人(男36,女14),对照班48人(男27,女21)。我们还请班主任老师根据以往对学生的观察了解(不以某次具体考试成绩为标准),将全班学生划分为人数大体相等的四类:优秀生、中上生、中下生、学困生,以备进一步研究之用。

(二)工具与材料

1.《儿童元认知问卷》

该问卷由雷恩和布鲁斯(Rayne A. Sperling & Bruce C. Howard)等人编制的《低年级元认知意识问卷 B 版》(Jr. MAI Version B)翻译修订而成。Jr. MAI题目由广泛用于成人元认知研究的《元认知意识问卷》(Metacognitive Awareness Inventory, MAI)发展而来, Rayne A. Sperling 等人的研究显示问卷有较高的信度和效度。修订后中文问卷由18个题目组成,分为元认知知识、元认知调节两个维度。修订后的《儿童元认知问卷》克隆巴赫系数 α 为 0.83,分半信度为 0.81,班主任教师在研究者指导下评定出的高元认知学生组和低元认知学生组问卷总分差异显著(高元认知组:70.49±9.82;低认知组:63.94±9.78),显示问卷有较高的信效度。

2.《小学生元认知训练课程提纲》

为自编元认知训练材料。根据对元认知的理解,设计 10 节训练课程提纲,内容涉及有关认知(如注意、记忆等)的知识及运用、有关自我的知识(如时间偏好、计划性等)及运用、有关任务的知识(材料性质、难度判断等)及运用、有关策略的知识(新旧知识联系、组织、思维流程等)及运用等方面,课程以参与活动为特色,贯穿参与—体验—感悟—迁移的主线。具体课程设计见本书附录10。

3. 研究设计与实施

研究采用实验组—对照组前测、后测的准实验设计。具体步骤如下:

第一,前测。对实验班和对照班实施《儿童元认知问卷》测验。收集两班上学期期末考试和最近一次校内统考数学、语文、英语成绩,取三科平均数再将两次成绩平均数作为前测学业成就指标。第二,实施元认知训练。实验班班主任老师接受研究者培训后,根据《小学生元认知训练课程提纲》每周对学生进行一次元认知训练,每次一节课时间,训练持续三个月。对照班不进行任何干预。实验班、对照班其他课程均照常进行。第三,后测。对实验班和对照班再次实施《儿童元认知问卷》测验。收集元认知训练结束后不久进行的学期期末考试数学、语文、英语成绩,取其平均成绩作为后测学业成就指标。最后使用SPSS8.0对所收集数据进行统计分析。

三、研究结果

(一)训练前后元认知测验得分的变化

为了测查训练前后学生元认知意识水平是否发生了变化,使用对实验班、对照班《儿童元认知量表》测查结果的后测成绩减去前测成绩,对得到的增值进行t检验,结果如表7-1所示,在测验总分和元认知知识、元认知调节两个分维度上实验班与对照班增值的差异均达到显著,说明训练对学生的元认知水平有明显的促进作用。

图7-1展示了训练前后实验班、对照班测验总分和两个分维度的具体得

分及变化情况。由图可知,实验班、对照班前测成绩无显著差异,训练后后测成绩出现显著差异。

表 7-1 实验班、对照班训练前后元认知测验分数增值的差异显著性检验

	实验班		对照班		
	M	SD	M	SD	t 值
知识	2.92	5.70	−0.34	6.28	2.68**
调节	5.50	7.30	2.35	6.58	2.24**
总分	7.30	10.82	1.96	10.24	2.50**

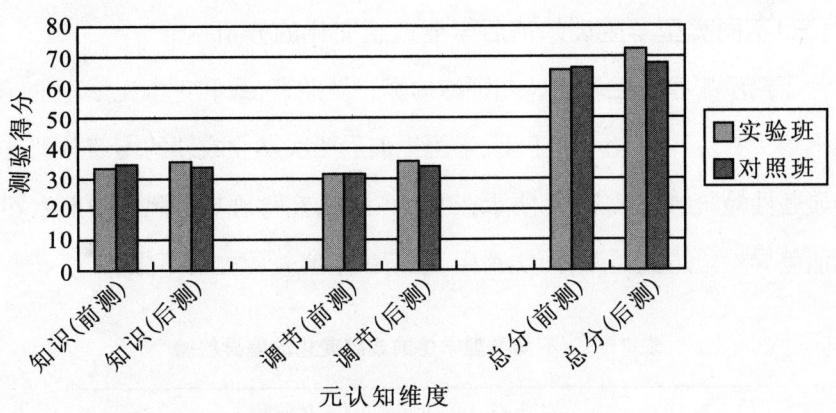

图 7-1 实验班、对照班训练前后元认知测验得分的对比

(二)元认知训练对综合学业成就的影响

为了排除前测学业成绩可能存在的影响,这里使用了以后测学业成绩为因变量,以班级为自变量,以前测学业成绩为协变量的协方差分析进行统计。回归斜率同构型检验结果符合协方差分析中组内回归系数同构型的假定($F=0.75$,$p>0.05$)。表 7-2 表明,排除协变量前测学业成绩影响后,自变量(即是否接受元认知训练)对后测学业成绩的高低影响显著。进一步统计得到实验班、对

照班调整后后测学业成绩平均数分别为:89.96、87.24。(前测成绩平均数分别是:83.84、82.05,调整前原后测成绩平均数分别为:90.77、86.37)

表7-2 实验班与对照班训练后学业成绩的协方差分析

来源	平方和	自由度	均方	F 检验	显著性 p
前测成绩	7250.6	1	7250.6	349.41	0.00
班级	174.86	1	174.86	8.43	0.005
误差	1909.11	92	20.75		
校正后总和	9618.83	94			

(三)不同类型学生训练前后学业成绩变化的分析

为了揭示哪些学生是元认知训练的真正受益者,我们对事先请班主任教师评定出的优秀生、中上生、中下生、学困生前后两次学业成绩的增值分别进行了差异显著性检验。如表7-3所示,四类学生中,实验班与对照班中上生和学困生增值差异检验达到显著,而优秀生、中下生增值差异检验不显著。

表7-3 不同类型学生的成绩变化的差异检验

	实验班		对照班		
	M	SD	M	SD	t 值
优秀生	5.55	2.1	5.61	4.15	0.04
中上生	6.68	1.85	2.16	3.16	4.49**
中下生	6.49	4.91	6.78	5.751	0.12
学困生	9.1	5.64	1.03	9.94	2.31*

四、分析与思考

(一)元认知训练在小学生中的开展

一般认为,就个体发展而言,元认知出现在其他认知能力之后,是一个逐步发展完善的过程。Meadows 指出:在整个在校学习期间,个体会通过获取越来越多的描述性知识、程序性知识而表现出思维的变化,表现出对知识评估能力的提高,对认知和社会领域更广泛的熟悉性,以及元认知能力的不断发展。儿童元认知能力的发展又涉及元记忆、元理解等不同方面,研究显示这些侧面各有不同的发展趋势。以往的研究和训练多是针对某一侧面展开的,我们认为这种特定的训练固然会产生积极作用,但总有些顾此失彼的遗憾。有研究者概括有关儿童元认知发展方面的研究后认为,小学中高年级至中学阶段是个体元认知快速发展的时期。因此,我们认为在小学中高年级中开展综合的元认知训练会对其元认知发展起到积极促进作用。本研究结论证明了这一认识。对四年级小学生元认知训练结果表明,通过一段时间的训练,能够促进学生元认知水平的提高。

因条件所限我们仅在小学四年级开展了元认知训练,证明至少四年级儿童已具备接受元认知训练的可能。根据儿童认知发展的规律我们可以从理论上推演,更高年级学生也应该能够通过训练获益,当然这尚须今后进一步的研究去证实。

(二)元认知训练对学生学业成就的影响

以往有关元认知及训练方面的研究多是针对具体学业任务开展的针对性训练。本研究中采用的是综合的元认知训练,并考察了这种训练对学生学业成就有无影响。研究中我们选取数学、语文、英语三门主科成绩加以平均作为学业成就的指标,并以训练前两次考试成绩进行平均作为前测的学业成就指标和使用协方差分析统计方法来控制先前成绩的干扰。我们认为元认知作为对认知的认知,在学生学习过程中起着核心作用,统领着其他影响因素,因而如果通过训练使得学生元认知能力得到提高,应该能够引起他们学业成就的相应变化。元认知变化产生的影响可能是广泛的,不一定仅表现在某一具体学科中。尽管训练时间相对较短,研究结论仍证实了我们的研究。

(三)元认知训练中的受益者

在元认知训练对学生学业成就产生积极影响的假设得到证实后,我们关心谁是其中的受益者,为此对不同类学生成绩变化情况进行了分析。结果显示,本研究中学困生、中上生学业成绩变化最为显著。对于学困生的变化,是和我们最初的假设相符合,也与国外相关研究的结论一致。因为元认知作为学习中的一个核心要素,在包括记忆提取、最初的记忆编码、问题解决、自我指向的学习等一系列认知活动中都起着重要作用,同时还起到对影响学习的各种因素的协调和整合的作用,所以元认知理论一经提出在国外就成为学习不良转化、教育的一个新视角、一种新方法。通过元认知训练去提高学习不良儿童的学习成绩已经是一种被广泛认可的方法。在国内,多年来研究者和教育者也在不断探索差生转化的有效方法,本研究的结果显示元认知训练是提高学困生成绩的有效手段之一。通过访谈我们了解到,在元认知训练中,这些学生更加了解了自己,找到了适合自己的有效的学习方法,重新找回了自信,学习兴趣发生了很大变化。本研究可为今后学困生的转化工作提供借鉴和指导。

对于中上生的变化可能是由于这些学生有很大学习潜力但过去没有得到充分挖掘,通过元认知训练,使他们得以洞悉自己的认知与学习过程,对策略和方法的使用更加自觉,主动的迁移使得学习成绩短时间内获得较大提高。我们认为中下生和优秀生成绩没有明显变化的原因可能是中下生迁移能力较差,优秀生早就自觉地掌握了某些策略方法,但也不能因此判断他们没有从中受益。当然,这些解释也还需进一步验证。此外,本研究仅考察了短期内元认知训练的效果,长期效果如何也尚待进一步研究探讨。

第三节 学科型元认知训练对初中数学学困生应用题解题效果的促进

自上世纪80年代开始,数学问题解决就已成为数学教育界研究的热点及核心问题。教育学家和心理学家对在数学教学中如何培学生解决数学问题的技能,提高学生解题的能力进行了不懈的研究,并且取得了一系列有积极意义的研究成果。数学学困生问题是当今基础教育面临的一个难题,几十年来很多学者对这一问题进行了深入研究,提出了一系列对数学学困生进行转化的措施,取得了积极显著的效果。

一、数学学习困难及研究概述

(一)数学学习困难

学习困难问题是世界各国学校教育中普遍存在的现象,学习困难的表现多样,常表现为听、说、读、写、推理和数学能力等方面的缺陷,其中以数学学习困难的表现尤为突出。数学学习困难(mathematical learning disability,简称MD)作为学习困难(LD)的一种基本类型,已得到许多正规机构的承认。数学学习困难是学龄儿童普遍的学习困难类型,美国一些大规模研究发现:约有6%的小学生和初中生被诊断为MD,另外约有5%的儿童被诊断为有阅读困难(RD)。

数学是一门结构性很强的学科,又是学校教育中的基础学科。近年来,无论是在小学还是在中学,数学学习困难的人数一直呈上升的趋势。20世纪80年代以来,数学学习困难这一现象引起更多人的高度关注。不少学者针对数学学习困难这一问题进行了专门的研究,并且取得了有积极意义的研究成果。也有学者进行了对数学学习困难学生转化的研究,也取得了不少有价值的研究成果。研究内容涉及数学学困生的界定、诊断、类型、形成原因以及转化等等方面。研究的基本范式是以一般儿童的发展水平和学业成绩作为参照,考察数学学习困难儿童在同样的教育条件下,其数学能力的发展水平;或选取一个年龄阶段,比较数学学习困难儿童和一般儿童在该阶段数学成绩的差异。

数学学习困难是中小学中很常见的问题,同时因其成因复杂,表现形式多样,常常让老师们感到无从下手,因此数学学习困难的问题一直被认为是教育界的"老大难"问题。数学学习困难的主要表现可以归纳为:(1)计数困难;(2)阅读和书写困难;(3)问题解决缺陷;(4)空间组织困难;(5)学习迁移能力不足等。其中最主要的表现是数学问题解决困难。以往的研究发现,有效的解题策略是解题成功的关键,很多学生不能正确解决较复杂应用题的原因就在于缺乏灵活而有效的解题策略。

(二)数学问题解决及策略

问题解决是对问题空间进行搜索,以找到一条从问题的起始状态到达目标状态的通路,这一任务的完成要靠策略的引导。问题解决的策略多种多样,一个问题可用不同的策略来解决,应用哪种策略既依赖于问题的性质和内容,也依赖于人的知识和经验。数学问题解决是数学教育中的一个新的思路,数学问题解决指的是把问题解决作为数学教学的核心,以创造性地解决问题为途径,培养学生正确的数学思维能力和正确的数学观念、数学意识,而解题策略是解决数学问题的关键。数学问题解决策略这一概念基本含义是指:在数学问题解决的全过程中,借以思考、假设,选取解决问题方法与步骤的方针和原则,是对解决数学问题过程的概括性认知。可以说,数学问题解决策略是学习策略的一个分支,它是通用的一般的学习策略与数学这一特殊学科的解题实践的有机结合。

我国学者李明振(1998)等人认为数学问题解决的基本策略为:

(1)整体策略。此策略要求从整体结构出发对数学问题进行观察、分析、处理,从全局上把握条件与结论及其间联系,把握解题各部分、各环节间的联系。

(2)模式识别策略。是指当主体接触到数学问题之后,首先要辨别题目的类型,以便与已有知识经验发生联系。

(3)转化策略。是指当主体接触问题难以入手时,通过转化过程将其归结为另一个比较熟悉、比较容易解决的问题以达到解决问题之目的。

(4)媒介过渡策略。是指在解决数学问题过程中可通过人为设置一些中间媒介元素作为沟通题设与结论的探索桥梁以帮助解题的策略。

(5)辩证思维策略。是指运用辩证思维的观点与方法,思考、解决数学问题的策略。

(6)反面思考策略。有些数学问题从正面难以入手时,可尝试从相反的方面或方向去思考。数学解题中的反例法、反证法、反推法、排除法以及数学定理、公式的逆用等均是这一策略的具体体现。

(7)记忆策略。此策略要求在解题过程中全方位记忆问题的题设与目标信息、问题探求过程中所得的中间结论、回忆与解决问题有关的习得的认知结构中的经验方法与模式,旨在为问题解决提供信息基础与线索。

我国学者沃建中(2001)研究了小学生数学问题解决策略的发展情况。该研究认为在数学问题解决策略的结构上,数学优秀生和学困生解应用题都经历了大致相同的认知步骤:阅读、分析、假设、计算和检查等。分析阶段用时多少与解题成绩密切相关,分析是解应用题的重要环节。小学生解决数学问题策略的发展表现为从猜测策略到试误策略再到抓数学本质策略的基本过程。

(三)数学学困生的解题策略研究

赵嘉琦对初中生数学学习策略进行了调查研究,调查结果表明,成绩优秀学生能够经常使用元认知策略,较差的学生却使用情况一般。学习成绩优秀的学生能够经常使用调节策略和反思策略,而计划策略和监控策略使用情况一般。成绩较差学生则在反思策略上使用情况要明显好于其他策略,其他策略使用情况不好。李晓东、张向葵和沃建中对数学学优生和学困生解决比较问题的差异进行了研究,结果发现:学优生和学困生解决比较应用题的成绩差异显著,这种差异与其解题时所运用的表征策略有关;学优生和学困生在元认知知识和监控技能上均有显著差异,元认知监控技能对解决比较应用题的成绩有显著预测作用。廖伯琴、黄希庭进行的研究表明,学习成绩优秀的学生侧重于科学理论的表征,表现为以物理学的原理分类,在表征的层次上多为顺向推理。学习成绩差的学生则会受初始表征的影响,以问题的表面特征分类,在表征的层次上多为逆向推理。

近几年,已有不少学者进行了解题策略训练的干预性研究,大都取得了明显的效果。尤其是随着元认知理论研究的不断深入与发展,出现了以元认知理论为基础的学习策略训练模式及相应的训练课程,其主要特点是在训练过程中将元认知策略与具体的认知策略训练相结合。如童世斌、张庆林采用对比实验的方法,运用自编思维训练教程及元认知监控提问,对初二年级学生进行有关解答数学应用题的思维策略训练和元认知训练。结果表明,不同层次学生(优、中、差生)的思维策略训练效果显著;中、差生的效果尤为显著;在思维策略训练的基础上再加上元认知训练,能够更有效地提高解答数学应用题思维训练的效果。

郭成结合小学数学应用题教学的具体内容,以元认知外显训练(MCET)、元认知内隐训练(MCIT)和一般思维策略训练(GTST)三种方式对某小学五年级292名学生进行了为期7周共计40学时的应用题解题思维训练。结果发现:总体上,思维策略的元认知外显训练和内隐训练比一般思维策略训练对小学生的解应用题能力具有更明显的促进作用;而元认知外显训练和内隐训练之间没有显著差异;不同性别学生对思维策略的不同训练方式表现出不同的适应性,外显训练更有利于男生应用题解题能力的提高,内隐训练更有利于女生应用题解题能力的提高。

唐卫海,孙秀宇在初二年级选择两个平行班,利用自编的平面几何学习策略训练教程和元认知训练单元,在自习课对一个班进行5课时学习策略和11课时元认知训练,另一个班按传统教学方法组织学生自习,训练期间两班作业量相等。结果表明:训练对提高初二学生的几何成绩有效;训练对学生学习代数、物理具有远迁移作用;训练对学习成绩中、差生效果显著,对优生效果不显著;训练对男女生都有非常显著的影响。

当今许多教育家与心理学家普遍认为,元认知与认知策略相结合的训练模式较传统思维训练模式更具科学性、合理性与优越性。元认知的核心是个体对自己认知过程的自我觉察、自我评价以及自我调节等。对学生进行解题策略的元认知训练有助于调动学生的主动性、自觉性,开发学生的智力,提高学生解决问题的能力,有助于真正教会学生如何学习。

二、初中数学学困生元认知干预训练研究

(一)研究目的

以往的研究已经表明,学习困难学生解数学题的元认知策略水平明显低于正常儿童。在解应用题时,学习困难学生往往表现为:缺乏适当的解题步骤和规则系统;不能区分相关的数量关系;不能正确理解题意和选择适当的策略等。有人认为元认知水平是造成学习困难的主要原因。因此以元认知理论为基础的训练模式能有效提高其认知监控能力,从而提高其学习效率。本研究的目的也在于创设一套行之有效的对学习困难学生进行转化的元认知策略训练模式。因此,本研究在相关理论研究的基础上,以在数学学习上存在困难的初中学生为研究对象,探讨他们在数学应用题解决过程中的元认知策略。通过对比数学学困生与数学优秀生的元认知发展水平,探讨数困生与数优生的元认知特征差异,为制定元认知策略训练的内容提供一定的实证依据。并试图从元认知的角度分析出数困生解题成绩差的原因,结合有关的文献资料编制解题元认知策略训练对数困生进行干预训练,进一步探讨对中学数学学习困难学生进行元认知策略训练的途径与方法,为改进中学数学应用题教学法,提高学科教学质量,减少学校教育中数学学困生的数量提供有实用价值的教学模式和策略。

本研究的具体目的为:探讨对中学数学学习困难学生进行元认知训练的途径与方法,为提高数学学科的教学质量,减少数学学困生的数量提供行之有效的训练模式。

(二)研究方法与程序

1.被试

对保定市某中学初一年级 4 个班数学学习困难的学生进行解应用题的前

测,然后根据测验成绩和有关情况选出条件相近,成绩基本相同的两组学生(共20人,男9人,女11人)作为实验组与对照组。

采用成绩——能力差异模型来确定数学学习困难学生,这种差异指的是学生的实际学业成绩与根据其智力潜能期望达到的学业成绩之间的差异,当这种差异达到一定标准时,就推断其为学习困难。

被试筛选过程:第一,以班为单位,用瑞文标准推理测验对初一年级所有学生进行团体测试。收回有效答卷460份。第二,将所有学生的智力测验成绩和数学考试成绩录入电脑,用SPSS10.0处理。第三,将智力测验和数学成绩的原始分转化为标准分,比较二者差异,公式为:$Z_{dif} = \dfrac{Z_x - Z_y}{(1-r_{xx})(1-r_{yy})}$,其中$Z_x$、$Z_y$分别为智力测验和数学成绩标准分,$r_{xx}$、$r_{yy}$是智力测验和数学测验的信度。公式为:$Z_{dif} = (Z_x - Z_y)/\sqrt{1-r_{XY}^2}$,如果数学$Z_{dif}$的值大于1.5,则定为数学学习困难生(简称数困生)。第四,从选取的被试中剔除智商标准分在90分以下的被试。第五,与班主任及学生本人座谈,了解这些学生的情绪表现及家庭情况,排除因明显的感官缺陷和情绪障碍或家庭原因导致的学习困难。

2. 实验材料

(1)训练材料。在实验中,教材采用自编的应用题解题训练教程,共16课时。依据前期研究并结合有关文献资料,编写出提高学生解题成绩和元认知技能的训练内容和元认知训练练习题。

(2)测试题两套。测验题由实验者和几位数学老师共同选编,在选题时,根据中学实际情况,主要选取学生必须掌握的几种题型:工程题、行程题、浓度题等。每套测验题均包括有简单题、中等难度的题(即中等题)和较高难度的题(即难题),共有5道题,每题各为10分,满分为50分。两套题难度、类型相当,互为复本。一套用于前测,一套用于后测。

(3)问题解决策略问卷。主要考察问题解决过程中的元认知策略,采用研究一用到的状态元认知问卷。后测时在测题的编排顺序上做调整。该问卷是目前国内公认有效的有关测量工具,能够较准确地测出学生相应的心理特点,能够满足本研究的需要。

(4)自编检查实验效果的调查问卷,了解学生对本实验的感受和评价。

3. 研究程序

(1)实验步骤

对四个班数学学习困难学生进行解应用题、状态元认知前测,然后选出不存在显著差异的两个组,两组中任选一组作为实验组,进行解题策略元认知训练,另一组为对照组,只完成和实验组一样的例题和练习,实验为期一学期,然后两组均完成后测。

(2)训练模式、内容、教法

实验组:采用解题元认知策略训练的教学模式,训练内容为自编教案和习题(共十六课时),内容主要是初一常见几个类型的实际问题。采用教师讲解、自我提问、小组提问、相互提问的方式教学。具体内容安排如下:

表 7-4 训练方案的内容及具体时间安排

节次	训练内容
第一节	训练团队的组建,彼此相识,建立信任并制定成长契约
第二节	讨论:对数学应用题的看法,及解题成绩的自我分析
第三节	讲解元认知知识及对解题成绩的促进
第四节	阅读与分析技巧
第五节	解应用题的几个步骤
第六节	解题过程的自我提问练习(一)
第七节	自信心训练:天生我才

(续表)

节次	训练内容
第八节	解题过程的自我提问练习(二)
第九节	注意的稳定性与转移训练
第十节	解题过程的小组提问练习(一)
第十一节	智力游戏
第十二节	解题过程的小组提问练习(二)
第十三节	记忆力的训练
第十四节	小组式"我讲你听"
第十五节	认真检查错误
第十六节	讨论:我们在进步 集体观看励志影片

(3)测试

测试时间:实验组和控制组均在同一时间测试。测试材料避免教学中所涉及的例题,对测试题的评分采用教师流水阅卷,保证评分的客观性。

(4)结果处理

采用配对样本的 t 检验以及独立样本的 t 检验。实验结束后两组进行测验,实验组的成绩与对照组的成绩相比较,如果差异显著,说明本实验所采用的训练方式有明显训练效果。再各自比较实验组和对照组前后测的成绩,如果实验组前后测差异明显,对照组前后测差异不明显,也可以说明本实验所采取的训练方式有效。

(三)研究结果

1. 实验组与对照组元认知、解题成绩前测的结果

在进行实验之前,对实验组和对照组进行数学解题问卷和状态元认知问卷的测验,具体结果如表7-5和表7-6所示:

表 7-5　实验前实验组与对照组数学解题成绩比较

组别	n	M	SD	t
实验组	10	28.50	7.83	0.369
对照组	10	29.90	9.09	

注：n 为人数，M 为平均数，SD 为标准差

表 7-6　实验前实验组与对照组元认知各分量表得分比较

	实验组		对照组		t 值
	M	SD	M	SD	
计划	9.70	1.56	9.40	1.71	0.409
监视	11.60	1.57	11.50	1.58	0.142
认知策略	11.40	1.57	10.70	1.70	0.954
自我意识	11.10	2.13	9.70	2.40	1.377

从表 7-5 中可以看出，实验前实验组与对照组的数学解题成绩无显著差异。从表 7-6 可以看出，实验前实验组与对照组在元认知各维度上的得分无显著差异。因此，可以将实验组与对照组作为等组处理。

2. 实验组与对照组元认知策略、解题成绩后测的结果

经过一个学期的解题元认知策略训练之后，对实验组和对照组进行数学解题和状态元认知问卷的重复测验，具体结果如下：

表 7-7　实验后实验组与对照组数学解题成绩比较

组别	人数	M	SD	t
实验组	10	38.1	5.38	2.311*
对照组	10	31.3	7.58	

表 7-8 实验后实验组与对照组元认知各分量表得分比较

	实验组		对照组		t 值
	M	SD	M	SD	
计划	7.3	0.82	8.8	1.68	−2.527*
监视	9.5	1.58	11.2	1.47	−2.468*
认知策略	9.0	1.33	10.5	1.71	−2.183*
自我意识	8.3	1.63	9.9	1.72	−2.125*

从上表 7-7 可以看出,经过解题元认知策略训练后,实验组解题成绩高于对照组,而且这种差异达到显著性水平。由表 7-8 可见,实验后,实验组的状态元认知水平总体来说优于对照组,并且在计划、监视、认知策略、自我意识四个维度上的差异达到了显著水平。这说明元认知训练对于提高数困生的元认知水平和解题成绩是非常有效的。

3. 实验组与对照组元认知策略、解题成绩前后测结果比较

进一步对实验组和对照组在元认知各维度的得分及解题成绩进行前后测的比较,具体结果如下:

表 7-9 实验组与对照组解题成绩前后测比较

组别		M	SD	t
实验组	前测	28.5	7.83	−8.300**
	后测	38.1	5.38	
对照组	前测	29.9	6.27	−1.606
	后测	31.5	7.58	

从表 7-9 可以看出,经过一个学期的元认知策略训练后,实验组的解题成绩显著高于实验前水平,并且这种差异达到了极其显著的水平,$p<0.01$。对

照组的解题成绩在实验前后的差异不显著。这表明元认知训练对于提高数困生解应用题能力的效果极为显著。

表 7-10 实验组元认知各分量表前后测得分比较

		M	SD	t
计划	前测	9.7	1.56	5.041**
	后测	7.3	0.82	
监视	前测	11.6	1.57	5.547**
	后测	9.5	1.58	
认知策略	前测	11.4	1.57	7.060**
	后测	9.0	1.33	
自我意识	前测	11.1	213	8.573**
	后测	8.3	1.63	

表 7-11 对照组元认知各分量表前后测得分比较

		M	SD	t
计划	前测	9.7	1.71	1.500
	后测	8.8	1.68	
监视	前测	11.50	1.58	1.964
	后测	11.20	1.47	
认知策略	前测	10.7	1.70	0.642
	后测	10.5	1.71	
自我意识	前测	9.7	2.40	0.514
	后测	9.9	1.72	

从以上结果可以看出，在元认知各分量表的得分上，实验组在实验前后均存在显著差异，在计划、监视、认知策略、自我意识维度上的差异达到极其显著

的水平，$p<0.01$。对照组在元认知各维度上的得分在实验前后没有显著差异。这表明，元认知训练可以显著提高数困生的元认知水平。

(四) 分析与思考

1. 元认知策略与应用题解决

元认知的实质是个体对自己的认知活动的自我意识和自我监控。它一方面使学生了解自己信息加工的过程和能力，另一方面又使学生懂得如何采取措施以调节和控制自己的信息加工过程。元认知策略就是个体对自身认知过程进行自我监控、自我反馈、自我调节的方法与技能。

在本研究中，元认知策略是指学生将正在进行的学习活动作为意识对象，不断实施自我监控的过程。这个过程主要包括三方面：一是事先对自己学习活动进行计划和安排；二是对自己解题活动过程进行自我监察、自我评价；三是在此基础上对自己的解题活动进行调节和控制。本研究发现，对数学学困生进行元认知策略训练，对于学生应用题解题能力具有明显的促进作用，这一结论与国内外关于元认知训练的已有研究结果一致。应用题解题活动的有效展开需要元认知的监控调节，元认知监控能力高低是智力发展水平的重要标志，H. L. Swanson 的研究发现，元认知能力高的学生其解决问题的成绩明显优于元认知能力低的学生，表现为解决问题的效率更高，解题时所需的步骤更少。在数学认知活动中，存在认知能力缺陷的主要原因是元认知水平低下，因此，数学元认知能力的培养是数学教学中的核心问题，而有意识、有目的地进行元认知策略训练是发展元认知能力的关键。

在应用题解题过程中，元认知活动能调动学生的自我意识，帮助学生选择有效的解题策略，主动积极地对解题认知活动进行自我反馈，监控解题认知活动的实施过程，并不断获取和分析反馈信息，发现认知过程中存在的问题，及时调节、评价各种解题认知策略的可行性和有效性,从而减少解题活动的盲目性和冲动性,提高学生应用题解题能力。

2. 元认知训练与解题成绩

已有研究表明,元认知策略的发展水平对成功解决问题起着制约作用。元认知的核心是个体对自己的认知过程的自我觉察、自我评价和自我调节。元认知训练有助于开发学生智力,提高学生的思维技巧,调动学生的主动性、自觉性,提高解决问题的能力。已有的实验也表明,学生的元认知能力越强,成绩越好。为此,研究者们围绕元认知训练展开了许多研究,常用的训练方法有:言语化训练法、他人提问训练法、自我提问训练法、先行组织者运用法等。本研究运用自我提问、小组提问等方法对数困生进行了16课时的元认知训练。训练后学生的元认知水平较前测有了显著的提高,解题成绩也显著提高。说明按照"思维调控单"的内容进行自我提问或小组提问能有效地训练学生的元认知自我监控能力。早在20世纪90年代初,便有数学家提出了启发式自我提问方法,训练学生在解决问题时自己向自己提出一些关于问题解决过程与策略的问题,并自己加以回答。本研究的结果证明,学生自己按照提问单上的问题向自己提问,能够有效地监控自己的解题思路,反复体验自己的思维过程,及时更正不正确的解题思路。元认知训练不仅使学生更善于寻找应用题解决的关键点,而且更主要的是提高了学生对自己解题过程的元认知监控水平,促使他们能根据题型的变化而相应地选择适当的解题策略,或调整原有解题策略使之能用于解决新问题。解题后他们能有意识地对解题过程进行反省思维,进一步考虑,该策略还能解决哪种类型的应用题,哪些策略解决这类问题更有效?解题过程的元认知训练提高了学生对解题过程的觉知能力和元认知监控能力。解题过程的觉知能力是优秀学生的基本特征,也是数学专家的典型特征,其主要表现为对自己的解题行为进行监控、评价,以决定是继续解题还是中止当前解题思路。以往的研究发现,有指导的提问训练,能够引发学生的计划、监控和评价等元认知加工过程,使学习者对自己的解题活动形成习惯性的更加清晰的意识,从而有效地提高了学生解决问题的能力。本研究的结果显示,元认知训练对实验组学生产生的效果非常显著,元认知策略训练不仅使学生真正掌握了元认知知识、元认知监控以及自我意识的训练方法,而且有助于学生对应用题的各种已知未知条件、问题及其关系的全面把握和形成更为深刻的理解。经过元认知训练的学生改变了以往对数学应用题的看法,对解题、动脑筋更感兴趣,他们更能体会到成功解题的愉快。由此可见,元认知训练是有效的,可以明显地提高学生的解题成绩。

3. 学生对实验课的评价

从训练结束后的问卷调查结果及个别访谈结果来看,学困生对这套元认知训练内容很有兴趣,他们普遍认为,训练后他们的解题能力、思维能力、注意力、记忆力都得到了提高,对数学应用题的兴趣明显增加,对解答应用题的任务更有主动性、积极性、自觉性。以前看到数学应用题就头疼,总是感觉无从下手,现在能静下心来认真阅读和分析了,并知道怎样运用正确的思维方法去求解了。突然间觉得应用题不再像以前那样难,解题的过程不再是痛苦的煎熬,而变成了一种愉快的体验。尤其是成功解答一道应用题之后,感到很有成就感,感觉自己的思维能力和注意力都比实验前有了很大程度的提高。解题的速度和正确性也比以前有了很大的提高。

第四节 元认知资源开发对学生实践智力的促进与提升研究

前面两节分别介绍了通用型和学科性元认知训练在教育实践中的运用及效果,本节将以国外学者威廉姆斯、布莱斯、怀特等人开展的一项教育实践研究为例,介绍综合型元认知训练的开展及意义。

一、研究概况

这项研究历时 2 年,是一项由大学研究人员和一线教师共同参与完成的典型的教育行动研究。由高校研究者设计实验方案和教学内容,一线教师负责组织和实施教学。参加实验学生共计 500 多人,实验班 300 多人,对照班 200 多人。

研究的理论基础为目前最为流行的两大智力理论:加德纳的多元智能理论和斯滕伯格的智力三维理论。加德纳和斯滕伯格也是该项目的重要研究人员。多元智能理论以发展的、神经的以及各种其他形式的证据为基础,提出智力可以从七种不同的形式以及相关独立的智力形式来理解:语言、逻辑数学、空间、音乐、身体运动、交际和内省。斯滕伯格则提出智力有分析、创造和实践三方面。两种理论都通过各种途径推进智力,尤其是学业成就。在该研究中,研究者致力于通过给中学生创造一种可以开发实践智力的干预来推进学业成就。

在此须介绍一下学业实践智力的概念。学业实践智力是实践智力的一个特殊方面,指的是个体对学校环境要求的理解和适当反应的能力。它是一系列的过程性知识技能(如做什么、怎么做以及什么时间做),通常不被传统智力所囊括,也不能由传统智力测验来测量。但它极为重要,因为它有助于学生对学校环境和未来真实社会生活环境的适应。以研究者给出的一个具体实例加以说明:一个聪明的九岁男孩给家长看了他写给老师的作业。这位家长认为这作业的想法很好,但字体凌乱并充满了拼写和标点错误。这个男孩说老师并不在意这些问题,只关注想法。家长有异议但并未坚持。男孩交上了作业但因为得分很低而受到打击。这对孩子来说很意外,但对于老师和家长来说却并非如此,老师会假定学生知道整洁、拼写以及标点问题,所以老师在课堂任务讨论中转而强调"提出好的想法",于是男孩不可避免地得到了低分。可以说,男孩所欠缺的正是某些学业实践智力。

在该项研究中,研究者视实践智力为元认知意识的派生物。实验教学中尝试培训更广意义上的智力技能,与学校实践智力相关,而不是特殊技能或只适用于单一环境的技能。通过训练广泛的技能,力求提升学生在学校日常各种任务上的表现。实施中通过教给老师五部分程序来培养学生的实践智力,主要强调了元认知意识的五个来源:了解为什么、了解自己、了解差异、了解过程以及重温。

二、教学训练材料

此项研究的教学训练材料对我们今后开展这一领域研究有很好的借鉴意义,在此做较为详细的介绍。研究者基于广泛的教室观察,对老师和学生的访谈以及元认知意识的文献回顾,确定出五个主题作为干预课程的基础,并进一步发展为学业实践智力(PIFS)程序。每个主题着眼于元认知意识的一方面。

第一个主题是了解为什么。研究者相信学生们如果了解学校里布置的任务的目的,会从中获益。比如,家庭作业的重点是什么?为什么阅读很重要?

学生也需要了解学校作业与课外生活的关联。比如,学校里的写作与他们因为其他原因而写作有什么相似之处?成年人在工作中会遇到什么样的考试,学校的考试与标准化考试是怎样帮助成年人为以后的考试做准备的?等等。因此,教师应该帮助学生意识到学习是怎样与他们的生活相关的以及他们怎样通过学习来提升现在和将来的生活。

第二个主题是了解自己。评定自己的作业以及自己的优缺点是实践能力的重要组成部分。了解自我的优势并利用优势补偿劣势。认识到他们当前的家庭作业或阅读习惯,并识别那些习惯的好与坏,是学生提升作业水平的前提。

第三个主题是了解差异。解决数学问题的成功不能在写作文时派上用场。随着年级的增长,各学科之间的区别以及解决问题的不同方法需要更加明确。PIFS课程要求学生比较不同的任务和学科问题来明确它们不同的要求。一旦学生看到了这些差异,他们同样开始批判性思考并看到学业不同领域之间的联系以及学业和生活之间的联系。

第四个主题是了解过程。学生是怎样完成任务或解决问题的?一个课堂就是一个世界,课堂中的成功需要对学习的过程关注。课程中描述的过程包括从四个方面完成功课——阅读、写作、家庭作业和考试。课程会帮助学生计划他们的功课,为解决问题计划不同的策略以及利用广泛的资源来战胜困难。

第五个主题是回顾。PIFS课程的每个小册子都着眼于一个特殊的领域:重读课文、修改作文、重做家庭作业以及复习课文。能够做到花时间去复习和修正往往是好学生的特点。一些研究者证明,对缺乏回顾不理解的学习材料这种内省能力的学生,如果通过培训,使其认识到"回顾"的重要性,这种内省能力会使他们成绩提高。

研究者将以上主题贯彻于四个领域,这四个领域都需要学生实践智力的参与。这四个关注领域是阅读、写作、家庭作业和考试。PIFS课程包括五个系列课程,整理在小册子里:一本说明册、一本阅读册、一本写作册、一本家庭作业册以及一本考试册。

下面提供学业实践智力(PIFS)程序中"为什么考试?"部分内容作为教学训练材料的样例:

课程:为什么考试?

主题:了解为什么

目标:鼓励学生真正了解无论校内还是校外考试的意义。

操作:

1.校外考试是怎样进行的?问学生他们有没有参加过校外的考试。尽管他们的最初反应可能是"没有",引导他们好好想想。

• 问他们是否有人参加过体育竞赛?你怎么知道何时发挥的不错?比赛和考试相似吗?

• 你有没有参与过需要做准备的音乐演出?

• 你父母或哥哥姐姐第一次给你特权或特殊任务时是怎样的(照看弟弟妹妹、照顾小动物或独自待在家里)?

• 你是否接受过一项新的家务劳动或为邻居干活?

这些例子是否可以检验学生的责任感和可信赖感?鼓励他们回想更多校外跟考试类似的情境,并列在黑板上。事实上任何在表演或演示之前需要做的练习都可以提出来。当你完成了列表,讨论如下问题:

• 这些考试的目的是什么?

• 你怎么知道你之前做的准备是正确的?

• 你怎么知道考的是好是坏?

- 你学到下次如何做得更好了吗?

2. 成人生活中的考试是怎样的? 让学生列出一些职业和角色(飞行员、警察、教师、医生、卡车司机),对他们来说考试是必须的。你可以将学生分组,看哪组能说出最多的职业。选出一些职业让他们回答下面的问题:

- 为什么要考核这些人?
- 这些职业的人需要擅长什么(要考核他们什么)?
- 这些职业的人需要接受哪些种类的考试来看他们是否具有必要的技能?
- 如果不考核这些人,工作中可能会遇到什么问题?

你可以与他们讨论成年人每天都会遇到的非正式考试。例如,一个老师上课是一种考试,就像消防员面对烧着的房子。为一份工作做准备的过程也像是考试。与学生分享你每天需要面临的考试,你是怎样获得你表现的反馈的,反馈是如何帮助你为以后做计划的。

3. 学校的考试是怎样进行的? 让学生列出他们在学校的考试类型,与他们讨论第二条中列出的一系列问题。

- 为什么学校要进行考试?
- 考试会传达什么给老师? 家长? 学生? 他们是怎么使用这些信息的?
- 一些科目比其他科目更容易考试吗? (数学比英语;科学比美术)
- 学校没有考试会是什么样子? (问问好学生和差生)
- 如果不知道你的分数和学习水平,你会感到不舒服吗?
- 如果学生不考试学校会发生什么?

4. 最后,问学生学校考试列表与校外考试列表。两份列表存在怎样不同? 又有哪些相似? 最明显的不同是学校中的大部分考试都是用笔作答,并通常会得到一个分数。校外的多数考试都是"表现"任务,考试者实际上都是展示特殊技能并根据技能评判(可能通过或失败)。

5.让学生思考包括纸笔和表现内容的考试情境:驾驶考试、CPR资格考试、自动化技工考试、外科测评。考试的每个部分对考试者有什么意义?如果只进行纸笔考试(或表现考试),会损失什么?接着问学生学校纸笔测验怎么样:能测量什么或不能测量什么?举一些明确的例子。例如,拼写测试可以测验你的记忆力,但无法测验你用字典的能力。速算可能会测验你能多快的使用加法和减法,但却测量不出解决应用题的能力。

在讨论中需要把握三个重点:

• 考试并不只是学校特有的现象。考试是生活中不可或缺的一部分,所以要考虑怎么考好试以及怎么通过考试来进步。

• 考试是信息的来源,并不只是简单的成功或失败的标志。读高度计让飞行员了解飞机飞得高或低,考试中的表现会告诉学生哪些东西他们掌握得很好、哪些需要加强、哪些测验或哪些问题是他们不擅长的或拿手的。(之后的课程将帮助学生更好地"读高度计"。)

• 考试可提供重要的关于学生掌握某项技能或知识的程度的信息,但他们测量的只是程度的一部分。不同的考试考察不同种类的或数量的信息;学生最拿手的领域也不同。有些擅长当堂测验,有些擅长家庭随笔。有些对简答很在行但却不擅长大面积的多选测验。没有学生是完美的,任何测验也不是。

相关内容:家庭作业课程4.1:家庭作业的目的

相关活动:

让学生思考家庭作业也是一种考试。让他们列出作业与测验功能相似的地方以及如何从作业中获益。让他们同样列出家庭作业和考试的不同,为什么作业不能替代考试。问学生他们是否希望偶尔将测验带回家做而不是在课上做。

三、实施过程

PIFS 课程实施了两次进行了超过两学年的时间。课题选择在康涅狄格州和马萨诸塞州进行。为了选择学校，研究者首先参考人口数据来确立可接受的试点名单。其次，给学校领导寄信联系，请求会见。见面时，研究者描述这个项目并询问校长是否同意他或她的学校参与。如果同意，让校长给老师讲解并确立感兴趣老师的名单。研究者会见感兴趣的老师并解释此项目需要被试如何参与其中。对感兴趣的老师将名字留下以备选。这些老师随机分为实验组和控制组，对控制组老师说明在项目结束后他们可以进行这个教学的计划。由学校领导和管理部门根据学生性别和学业层次配对，研究中每个实验班与相对应的控制班包括相等数量的天才、中等生和学习困难学生。在执行期间，实验组老师对 PIFS 课程进行教学，把这门课当作正常教学的一部分。学生并不知道这个材料是"额外课程"或"提高课程"，他们只是获得 PIFS 知识而不是更传统的学业知识。老师用 PIFS 的测评材料给所有的学生进行评估（实验组和控制组），评估学生对阅读、写作、家庭作业和考试的掌握程度。学生并不了解测评材料的特殊性，只是认为这是日常课堂测验的一部分。

第一年实施过程中，研究者与老师在 PIFS 上亲密合作。老师在暑假时学习该课程，与高校研究团队成员暑假期间定期会面，了解并熟悉整个实施计划。在整个学年中，每位老师每个星期都与研究者会面来温习课堂教学；讨论出现的成果、困难和问题；并计划如何更好地继续这个课程。

第一年，所有老师从说明册开始一步步进行 PIFS 课程。说明课结束后，我们让老师按顺序使用接下来的手册（和课程），以求最好的满足学生的需要和确保标准课程的实施。例如，一位老师感觉她的学生需要首先发展家庭作业册中的组织技能,所以开始用那本册子引导学生六节课时。另一位老师希望她的学生发展做笔记和阅读技能,因为他们不善于社会研究课。她便从阅读和考试册入手开始混合课程。通过与老师一年的合作发现,实施的灵活性是必须的,因为每个老师都有自己教学的方式,如果对老师的要求过于苛刻,他们会产生抵抗。通过对老师和学生每周的会见和观察,研究者确认 PIFS 课程由老师妥善地教给了学生,尽管有些个别老师改动了课程顺序来迎合学生的需求。

老师按要求每星期上一节课。课后第二天,老师会在他们的传统课上回顾前一天所学的特殊技能和观点。例如,认识了不同种类阅读的课程结束后期二天,一位老师会要求她的学生比较他们的科学阅读(课本中的一章)和家庭作业中读过的故事的区别:这两个有什么区别?他们读的课文和故事有区别吗?两天后的数学课上,她让学生讨论为什么他们在数学课上阅读的不如科学或语言艺术课上那么多。这样在不同内容上的回顾使得学生对 PIFS 观点的认识加深和更加灵活的掌握。

在实施的第二年,研究者使用了修正过的新版课程,得益于第一年老师在执行过程中的广泛评价和反馈。在第二年中,老师对课程已十分熟悉了。因此,第二年中,老师更独立地工作,与研究者见面的次数也减少了。

四、研究结果

研究者通过系统的测评,对康涅狄格州和马萨诸塞州两年的实验结果进行了分析。具体数据这里不再列举。概括而言,PIFS 课程成功地提高了学生的实践和学业技能。在马萨诸塞州和康涅狄格州两个试点为期两年研究中都获得了积极的成果。在第一年,课程内容的不同影响到了结果的差异,使得 PIFS 的优势主要体现在实践变量。PIFS 持久的显著优势主要体现在第二年,在马萨诸塞州和康涅狄格州两个试点中的实践和学业领域都有所体现。即便初始条件不同,但无论PIFS组前测中是低于、等于还是高于控制组,PIFS都发挥了它的作用。

除去前测后测数据的分析,通过老师的观察还发现PIFS组比控制组在以下方面有显著进步:认识并利用自己的优点和兴趣,注意到学科间的不同,不同学科使用不同的学习方法,使用多样的资源,有面对困难的恒心,合理组织实践和材料,以及发现和使用反馈。在年级和一般表现上并没有显著差异。在出勤率以及推测某一特殊问题的学习目的上,PIFS组并没有比控制组表现得好很多。但总体上看,PIFS组学生比控制组要好一些。

此外,为深入了解课程对学生的影响,研究者还收集了相关的质性材料并进行分析。研究者有规律地观察了课堂,对学生和教师进行了访谈。在非正式访谈中,研究者经常在PIFS项目和它对学生的作用上与老师沟通。在学年结束时,组织了与全体老师和随机抽选的PIFS组学生的正式访谈,既让老师和学生反思PIFS经历的性质,也问到学生关于PIFS技能以及每一个领域的一些问题。每个学生访谈持续30分钟,老师访谈更自由些,最多持续了两个小时。通过对这些资料归纳总结出训练课程对学生有以下作用:使学生了解校外特长,提升了学生的自尊以及对他人的尊重;对那些学习成绩不好的学生,课外特长和兴趣成为学习的动力;基于学生对自己熟悉领域的精通和喜好,学生获得了参与课堂和开发技能的同等机会;只有当学生看到他们的努力可以得到回报,PIFS技能才会成为学习持续有效的工具,被学生采纳;PIFS技能似乎能持久。

五、研究的借鉴意义

以上较为详细地介绍了国外学者立足元认知资源,开发学生学业实践智力的教育实验研究。这项研究对我们有很多启示。

第一,对元认知研究的深度开掘。研究者把元认知与当今流行的智力理论联系在一起,把元认知视为智力的一个重要元素,力图通过元认知资源开发,促进智力发展。而结果也显示元认知资源训练课程无论对学业实践智力还是对学业能力均有较好的促进作用。

第二,以系统科学的教育实验研究,为教育教学改革服务。教育教学改革是当今时代面临的课题。课程结构如何调整?教学如何适应学生发展的需要?这些问题的解决都不应该是凭空思考的结果。系统而科学的教育实验的开展必不可少。这项由知名研究者和一线教师通力合作历时2年的研究,证实实践智力可以被定义、测量和传授,通过关注阅读、写作、家庭作业和考试等实践智力,可以在一个广泛领域中提升学生的智力表现和学业成绩,为以促进学生智力发展而开展的相关教育改革提供了实证依据。

研究者对研究存在的问题有着清醒的认识并在研究报告中反复强调:(1)自我推荐的老师随机地分到实验组和控制组;(2)研究者没有对学生进行严格的随机分配(只用了典型的自然班,由不同水平的学生组成);(3)没有一字一句地朗读课程材料,而是量体裁衣以适合老师和学生的需要、风格和喜好。尽管如此,整个研究从设计、训练材料编写,到研究的逐步实施,再到结果的测评等诸多方面都值得我们在相关研究中参考和借鉴。

参考文献

[1] 陈国鹏,张增修,邵志芳,等.学习不良学生的智商、个性和自我概念的研究[J].心理科学,2001,24(6):732-733.

[2] 陈英和.认知发展心理学[M].杭州:浙江人民出版社,1996:312-244.

[3] 陈允成,等.教育心理学:实践者——研究者之路[M]上海:上海人民出版社,2007:365-373.

[4] 董奇.论元认知[J].北京师范大学学报,1989(1):68-74.

[5] 董奇.10—17岁儿童元认知发展的研究[J].心理发展与教育,1989(4):11-17.

[6] 董奇,周勇.10—16岁儿童自我监控学习能力的成分、发展及作用的研究[J].心理科学,1995(5):75-79.

[7] 杜晓新,冯震.元认知与学习策略[M].北京:人民教育出版社,2003:2.

[8] 胡志海,梁宁建.学习不良学生元认知特点研究[J].心理科学,1999(4):354.

[9] 金志成,隋洁.学习困难学生认知加工机制的研究[J].心理学报,1999(1):47-52.

[10] 李景杰.元认知:10—19岁少年儿童记忆监控能力的实验研究[J].心理学报,1989(1):86-93.

[11] 刘希平.回溯性监测判断与预见性监测判断发展的比较研究[J].心理学报,2001,33(2):137-141.

[12] 刘希平.小学儿童学习时间分配决策水平的发展与促进[D].北京中国科学院博士

学位研究生学位论文,2004.

[13] 刘电芝. 学习策略研究[M]. 北京:人民教育出版社,2001:7.

[14] 牛卫华,张梅玲. 学困生和优秀生解应用题策略的对比研究[J]. 心理科学,1998(21):566.

[15] 汪玲,郭德俊. 元认知的本质与要素[J]. 心理学报,2000(4):458-463.

[16] 汪玲,方平,郭德俊. 元认知的性质、结构与评定方法[J]. 心理学动态,1999,7(1):6-11.

[17] 汪玲,郭德俊,方平. 元认知要素的研究[J]. 心理发展与教育,2002(1):44-49.

[18] 徐芬,俞磊,陈德毅. 小学优等生与学习不良学生智力特征的比较研究[J]. 应用心理学,1995,1(1):20-26.

[19] 辛自强,陈诗芬,俞国良. 小学学习不良儿童家庭功能研究[J]. 心理发展与教育,1999(1):122-26.

[20] 辛自强,俞国良. 学习不良的界定与操作化定义[J]. 心理学动态,1999,7(2):52-57.

[21] 杨锦平,金惠国,黄财兴. 学习困难初中生注意特性发展及影响因素研究[J]. 心理发展与教育,1995(1):54-59.

[22] 杨心德. 学习困难学生自我效能感的研究[J]. 心理科学,1996,19(3):185-187.

[23] 杨莲清. 高效能学习技术[M]. 广州:暨南大学出版社,2006:207-242.

[24] 俞国良. 学习不良儿童社会性发展的研究[J]. 教育研究,2001(5):22-26.

[25] 俞国良,辛自强,等. 学习不良儿童孤独感、同伴接受性及其与家庭功能的关系[J]. 心理学报,2000,32(1):59-64.

[26] 俞国良. 学习不良儿童社会性发展特点的研究[J]. 心理科学,1997(20):31-35.

[27] 俞国良,曾盼盼,辛自强,等. 学习不良儿童社会信息加工的特点[J]. 心理学报,2002,34(5):505-510.

[28] 俞国良,张登印,林崇德. 学习不良儿童的家庭资源对其认知发展、学习动机的影响[J]. 心理学报,1998,30(2):174-180.

[29] 俞国良.学习不良儿童的家庭心理环境、父母教养方式及其与社会性发展的关系[J].心理科学,1999,22(5):389-393.

[30] 俞国良.学习不良儿童社会性发展与家庭资源因果关系的研究[J].心理科学,1998,21(4):341-345.

[31] 俞国良,王永丽.学习不良儿童归因特点研究[J].心理科学,2004,27(4):786-790.

[32] 张承芬,赵海,付宗国.学习困难儿童和非学习困难儿童元记忆特点的对比研究[J].心理科学,2000,23(4):421-424.

[33] 张明,隋洁,方伟军.学习困难学生视空间工作记忆提取能力的多指标分析[J].心理科学,2002,25(5):565-568.

[34] 张雨青,林薇,张霞.学习障碍儿童的基本能力特征[J].心理发展与教育,1995(3):59-64.

[35] 周楚,刘晓明,张明.学习困难儿童的元记忆监测与控制特点[J].心理学报,2004,36(1):65-70.

[36] 周国韬,张林,付桂芳.初中学习不良生元认知调节学习策略的运用与学习成就关系的研究[J].心理科学,2001,24(5):612-619.

[37] 朱冽烈,许政援,孔瑞芬.学习困难儿童的注意、行为特性及同伴关系的研究[J].心理科学,2000,23(5):556-559.

[38] ALEXANDER J M,FABRICIUS W V,FLEMING V M,et al. The development of metacognitive causal explanations[J]. Learning and Individual Differences,2003(13):227-238.

[39] ALEXANDER J M,SCHWANENFLUGEL P J. Development of metacognitive concepts about thinking in gifted and no gifted children:recent research[J]. Learning and Individual Differences,1996(8):305-325.

[40] ALEXANDER J M,SCHWANENFLUGEL P J. Strategy regulation:the role of in-

telligence, metacognitive attributions, and knowledge base[J]. Developmental Psychology,1994(30):709-723.

[41]ANDERSON J C,GERBIN D W. Structural equation modeling in practice:a review and recommended two-step approach[J]. Psychological Bulletin,1988(103):411-423.

[42]BAKER L,BROWN A. Cognitive monitoring in reading[M]// FLOOD J. Understanding in reading comprehension:cognition,language,and the structure of prose. Newark,DE:International Reading Association,1984:21-44.

[43]BAKWR L,BROWN A. Metacognitive skills and reading[M]// PEARSON P D, BARR R,KAMIL M L,et al. Handbook of reading research. New York:Longman, 353-394.

[44]BORKOWSKI J G,CARR M,RELLINGER E,et al. Self-regulated cognition:interdependence of metacognition, attributions, and self-esteem[M]// JONES B F, IDOL L. Dimensions of thinking and cognitive instruction. Hillsdale,NJ:Lawrence Erlbaum Associates,1990:53-92.

[45]BROWN A L. Metacognition, executive control, self-regulation, and other more mysterious mechanisms[M]// WEINERT F E,KLUWE R H. Metacognition,motivation, and understanding. Hillsdale, NJ: Lawrence Erlbaum Associates, 1987: 65-116.

[46]BROWN A L. Metacognitive development and reading[M]// SPIRO R J,BRUCE B. Theoretical issues in reading comprehension. Hillsdale,NJ:Erlbaum,1980.

[47]BROWN A L. Knowing when,where,and how to remember:a problem of metacognition[J]. Advances in Instructional Psychology,1978(1):77-165.

[48]CAROL A T,CYNTHIA W L,GRAHAM A J. Mathematics instruction for elementary student with learning disabilities[J]. Journal of Learning Disabilities,

1997,30(2):142-151.

[49] CAVANAUGH J C,BORKOWSKI J G. Searching for metamemory memory connections:a developmental study[J]. Developmental Psychology,1980(16):441-453.

[50] CULL W L,ZECHMEISTER E B. The learning abilities paradox in adult metamemory research:where are the metamemory differences between good and poor learners? [J]. Memory and Cognition,1994(22):249-257.

[51] CUNNINGHAM J G,WEAVER S L. Young children's knowledge of their memory span:effect of task and experience[J]. Journal of Experimental Child Psychology,1989(48):32-44.

[52] CROSS D R,PARIS S G. Development and instructional analyses of children's metacognition and reading comprehension[J]. Journal of Educational Psychology,1988(80):131-142.

[53] DEBORAH L B. Metacognition and learning disabilities[M]// BERNICE Y L WONG. Learning about learning disabilities. San Diego:Academic Press,1988:277-311.

[54] DIXON R A,HERTZOG C. A functional approach to memory and metamemory development in adulthood[M]// WEINERT F E,KLUWE R H. Memoy development across the life span:universal changes and individual differences. Hillsdale,NJ:Lawrence Erlbaum Associates,1988:293-330.

[55] DUFRESNE A,KOBASIGAWA A. Children's spontaneous allocation of study time:differential and sufficient aspect[J]. Journal of Experimental Children Psychology,1989(47):274-296.

[56] DUNLOSKY J,HERTZOG C. Training program to improve learning in later adults:helping older adults educated themselves[M]// HACKER D J,DUNLOSHY

J,GRAESSER A C. Metacognition in educational theory and practice. Mahcoah: Hawence Erlbaum Associates,1998:249-276.

[57] ECCLES J S, MIDGLEY C. Stage-environment fit: developmentally appropriate classrooms for young adolescents[M]// AMES C, AMES R. Research on motivation in education. Orbando: Academic Press,1989:139-186.

[58] ENGLART C S. Unrevealing the mysteries of writing instruction through strategy training[M]// SCRUGGS T, WONG B Y L. Intervention research in learning disabilities. New York: Sprngger-verlay:1990,186-223.

[59] ENGLART C S, RAPHAEL T E, ANDERSON L M. Exposition: reading, writing, and the metacognitive knowledge of learning disabled students[J]. Learning Disabilities Research,1989(5):5-24.

[60] ENGLART C S, STEWART S R, HIEBEIT E H. Yong writers' use of text structure in expository text generation[J]. Journal of Educational Psychology,1988(80): 143-151.

[61] ENGLART C S, THOMAS C C. Sensitivity to text structure in reading and writing: a comparison between learning disabled and non-learning disabled children students[J]. Learning Disabilities Quarterly,1987(10):93-105.

[62] FABRICIUS W V, CAVALIER L. The role of causal theories about memory in young children's memory strategy choice[J]. Child Development,1989(60):298-308.

[63] FABRICIUS W V, HAGEN J W. Use of causal attributions about recall performance to assess metamemory and predict strategic memory behavior in young children[J]. Developmental Psychology,1984(20):975-987.

[64] FLAVELL J H, MILLER P H. Cognitive development (3rd ed.)[M]. Englewood Cliffs, NJ: Prentice-Hall,1993.

[65] FLAVELL J H. Speculations about the nature and development of Metacognition [M]// WEINERT F E, KLUWE R H. Metacognition, motivation and understanding. Hillside, New Jersey: Lawrence Erlbaum Associates, 1987: 21-29.

[66] Flavell J H. Cognitive development (2nd ed.) [M]. Englewood Cliffs, NJ: Prentice-Hall, 1985.

[67] FLAVELL J H. Cognition monitoring [M]// DICKSON WP. Children's oral communication skills. New York: Acadmic Press, 1981: 35-60.

[68] FLAVELL J H. Metacognitive aspects of problem solving [M]// RESNICK L B. The nature of intelligence. Hillsdal, NJ: Lawrence Erlbaum Associates, 1976: 231-235.

[69] FLEISCHNER G E, GARNETT K. Arithmetic difficulties [M]// KAVAL K, FORNESS S, BENDER M. Handbook of Learning disabilities. Boston: Little, Brown & Co., 1987.

[70] Gaultney. Utilization deficiencies among children with learning disabilities [J]. Learning and Individual Differences, 1998, Vol. 10 (1): 13-28.

[71] STANFORD G, OAKLAND T. Cognitive deficits underlying learning disabilities: research perspectives from the United States [J]. School Psychology International, 2000, 21(3): 306-321.

[72] GRAHAM S, SCHWARTZ S S, MACARTHUR C A. Knowledge of writing and the composing process, attitude toward writing, and self-efficacy for students with and without learning disabilities [J]. Journal of Learning Disabilities, 1993 (26): 237-249.

[73] GREENE G A. Comparison of learning disability subtypes on independent and concurrent measures of metamemory [J]. Dissertation abstracts international, Section B: the sciences and engineering, 2001: 5027.

[74] HOGAN G,CATHERINE R. Working memory and mathematics: cognitive learning strategies use with students with learning disabilities[J]. Dissertation abstracts international, Section A: humanities and social sciences, 1999: 2924.

[75] HUET N, MARINE C. Metamemory assessment and memory behavior in a simulated memory professional task[J]. Contemporary Educational Psychology, 1997(22): 507 - 520.

[76] JACOB J E, PARIS S G. Children's metacognition about reading: issues in definition, measurement, and instruction[J]. Educational Psychologist, 1987(22): 255 - 278.

[77] JANET W. Lerner Learning disabilities: theories, diagnosis and teaching strategies (8th ed.)[M]. Boston: Houghton Mifflin Company, 2000: 14 - 15.

[78] JUSTICE E M, BAKER-WARD L, GUPTA S, et al. Means to the goal of remembering: developmental changes in awareness of strategy use-performance relations [J]. Journal of Experimental Child Psychology, 1997(65): 293 - 314.

[79] KAVALE K A. The reasoning abilities of normal and learning disabled readers on measures of reading comprehension[J]. Learning Disabilities Quarterly, 1980(3): 34 - 35.

[80] KENNETH A K, STEVEN R F. What definitions of learning disability say and don't say: a critical analysis[J]. Journal of Learning Disabilities, 2000, 33(3): 239 - 256.

[81] KIRK S A, BATEMAN B D. Diagnosis and remediation of learning disabilities [M]// KIRK S A. Exceptional children. Boslon, MA: Honghton Mifflin, 1962: 73 - 78.

[82] KORIAT A, GOLDSMITH M, SCHNEIDER W, et al. The credibility of children's testimony: can children control the accuracy of their memory reports?[J]. Journal of Experimental Child Psychology, 2001(79): 405 - 437.

[83] KORIAT A, ROWIT L S. The combined contributions of the cue-familiarity and accessibility heuristic to feeling of knowing[J]. Journal of Experimental Psychology: Learning, Memory and Cognition, 2001(27): 34 - 53.

[84] KURTZ B E, WEINERT F. Metamemory, memory performance and causal attributions in gifted and average children[J]. Journal of Experimental child Psychology, 1989(48): 45 - 61.

[85] LOPER A B, HALLAHAN D P, IANNA S O. Meta-attention in learning disabled and normal students[J]. Learning Disability Quarterly, 1982, Vol. 5(1): 29 - 36.

[86] MAZZONI G, CORNOLDI C. Strategies in study-time allocation: why is study time sometimes not effective?[J]. Journal of Experimental Psychology: General®, 1993 (122): 47 - 60.

[87] MAZZONI G, CORNOLDI C, MARCHITELLI G. Do memorability ratings affect study-time allocation?[J]. Memory and Cognition, 1990(18): 196 - 204.

[88] MEADOWS S. The child as a thinker: the development and acquisition of cognition in childhood[M]. New York: Routledge, 1996.

[89] METCALFE J. Is study time allocated selectively to a region of proximal learning? [J]. Journal of Experimental Psychology: General®, 131(3): 349 - 363.

[90] MONTAGUE M. Student perception, mathematical problem solving, and learning disabilities[J]. Remedial and Special Education, 1997(18): 46 - 53.

[91] NELSON T O, NARENS L. Why investigates metacognition?[M]// J METCALFE, A P SHIMAMURA. Metacongnition: knowing about knowing Cambridge. Cambridge, MA: MIT Press, 1994.

[92] NELSON T O, NARENS L. Metamemory: a theoretical framework and new finding [M]// G BOWER. The psychology of learning and motivation: advance in research and theory. New York: Academic Press, 1990: 125 - 173.

[93]NELSON T O,LEONESIO R J. Allocation of self-paced study time and the "labor-in-vain effect"[J]. Journal of Experimental Psychology: Learning, Memory and Congniton,1988(14):676-686.

[94]OAKLAND T,PHILLIPS B N. The need of children with learning disabilities[R]. Geneva,Switzerland:CRC,1997.

[95]PALMER D,GOETZ E. Selection and the use of study strategies: the role of the students's beliefs about self and strategies[M]// WEINSTEIN C E,GEOTZ E T, ALEXANDER P A. Learning and study strategies: issues in assessment, instruction, and evaluation. New York: Academic Press,1988.

[96]PARIS S G,WINOGRAD P. How metacognition can promote academic learning and instruction[M]// JONES B F,IDOL L. Dimensions of thinking and cognitive instruction. Hillsdale,NJ:Lawrence Erlbaum Associates,1990:15-52.

[97]PARIS S G,CROSS D R,LIPSON M Y. Informed strategies for learning: a program to improve children's reading awareness and comprehension[J]. Journal of Educational Psychology,1984(76):1239-1252.

[98]PAIRS S G,NEWMAN R S,MCVEY K V. Learning the functional significance of mnemonic actions: a microgenetic study of strategy acquisition[J]. Journal of Experimental Psychology,1982(34):490-509.

[99]PAZZAGLIA F,CORNODI C,DE BENI R. Knowledge about reading and self-evaluation in reading disabled children[M]// SCRUGGS T,MASTRORIERI M. Advances in learning and behavioral disabilities. Greenwich,Conn. :JAI Press,1995: 91-117.

[100]Pereira-Laird,J A Deane,F P. Development and validation of a self-report measure of reading strategy use[J]. Reading Psychology: An International Quarterly,1997 (18):185-235.

[101]PRESSLEY M,GHATALA E S. Self-regulated learning:monitoring from text learning[J]. International Journal of Educational Research,1990(13):857-867.

[102]PRESSLEY M,LEVIN J R,GHATALA E S,et al. Testing monitoring in young children[J]. Journal of Experimental Child Psychology,1987(43):96-111.

[103]Rayne A Sperling,Lee A Miller,Cheryl Murphy. Measures of children's knowledge and regulation of cognition[J]. Contemporary Educational Psychology,2002 (27):51-79.

[104]SCHNEIDER W,LOCKL K. The development of metacognitive knowledge in children and adolescents[M]// PERFECT T J,SCHWARTZ B L. Applied metacognition. Cambridge:Cambridge University Press,2002:224-257.

[105]SCHNEIDER W,VISE M,LOCKL K,et al. Developmental trends in children's memory monitoring:evidence from a judgment of learning task[J]. Cognitive Development,2000(15):115-134.

[106]SCHNEIDER W. Performance prediction in young children:effect of skill,metacognition and wishful thinking[J]. Development science,1998(1):291-297.

[107]SCHNEIDER W,PRESSLEY M. Memory development between two and twenty (2nd ed.)[M]. Mahwah,NJ:Erlbaum,1997.

[108]SCHNEIDER W,KORKEL J,WEINERT F R. The effect of intelligence,self-concept,and attributional style on metamemory and memory behavior[J]. International Journal of Behavioral Development,1987,10(3):281-299.

[109]SCHNEIDER W,BROKOWSKI J G,KURTZ B E,et al. Metamemory and motivation:a comparison of strategy use and performance in German and American children[J]. Journal of Cross-Cultural Psychology,1986(17):315-336.

[110]SCHNEIDER W. The role of conceptual knowledge and metamomory in the development of organizational processes in memory[J]. Journal of Experimental Chil-

dren psychology,1986(42):218-236.

[111]SCHRAW G,MOSHMAN D. Metacognitive theories[J]. Educational Psychology Review,1995(7):351-371.

[112]SIEGEL L S. Definition and theoretical issues and research on learning disabilities [J]. Journal of learning disabilities,1988(21):264-266.

[113]SIEGEL L S. An evaluation of the discrepancy definition of dyslexia[J]. Journal of learning disabilities,1992(25):618-629.

[114]SINKAVICH E L. Metamemory,attributional style,and study strategies:predicting classroom performance in graduate students[J]. Journal of Instructional Psychology,1991,21(2):172-182.

[115]SLIFE B D,WEISS J,BELL T. Separability of metacognition and cognition:problem solving in learning disabled and regular students[J]. Journal of Educational Psychology,1985(77):437-445.

[116]STANOVICH K E. Congnitive processes and the reading problems of learning disabled children:evaluating the assumption of specificity[M]// TORGESEN J K,WONG B Y L. Psychological and educational perspectives on learning disabilities. Orlando,FL:Academic Press,1986:87-131.

[117]Swanson H Lee,Sachse Lee,Carole. A meta-analysis of single-subject-design intervention research for students with LD[J]. Journal of Learning Disabilities,2000,Mar/Apr. Vol. 33(2):114-136.

[118]Swanson H Lee,Marcy T. Learning disabled and average reader's working memory and comprehension:does metacognition play a role?[J]. British Journal of Educational Psychology,1996(66):347-373.

[119]SWANSON H L. Influence of metacognitive knowledge and aptitude on problem solving[J]. Journal of Educational Psychology,1990(82):306-314.

[120] SON L K, METCALFE J. Metacognition and control strategies in study time allocation[J]. Journal of Experimental Psychology: Learning, Memory and Cognition, 2000(26): 204 – 221.

[121] THIEDE K W, DUNLOSHY J. Toward a general model of self-regulated study: an analysis of selection of items for study and self-paced study time[J]. Journal of Experimental Psychology: Learning, Memory and Cognition, 1999(25): 1024 – 1037.

[122] THORPE K J, SATTERLY D. The development and inter-relationship of metacognitive components among primary school children[J]. Educational Psychology, 1990(10): 5 – 21.

[123] TORGESON J K, MURPHY H A, IVEY C. The influence of an orienting task on the memory performance of children with reading problems[J]. Journal of Learning Disabilities, 1979(12): 396 – 401.

[124] VAN HANEGHAN J P, BAKER L. Cognitive monitoring in mathematics[M]// MCCORMICK CB, MILLER GE, PRESSLEY M. Cognitive strategy research: from basic research to educational applications. New York: Spingger-Verlag, 1989: 3 – 37.

[125] WEISBERG R K, BALAJTHY E. Development of disabled readers' metacomprehension ability through summarization training using expository text: results of three studies[J]. Journal of Reading, Writing, and Learning Disabilities International, 1990, Vol. 6(2): 117 – 136.

[126] WELLMAN H M. The origins of metacognition[M]// FORREST D L, MACKINNON G E, WALLER T G. Metacognition, cognition, and human performance. New York: Academic press, 1985, Vol. 1.

[127] WELLMAN H M. Preschoolers' understanding of memory-relevant variables[J].

Child Development,1977(48):1720-1723.

[128]WORDEN P E,SLADEWSKI-AWIG L J. Children's awareness of memorability[J]. Journal of Educational Psychology,1982,74(3):341-350.

[129]WONG B Y L. The relevance of metacognition to learning disabilities[M]// WONG B Y L. Learning about learning disabilities. New York:Academic Press, 1991:231-256.

[130]WONG B Y L,WONG R,BLENKINSOP J. Cognitive and metacognitive aspects of learning disabled adolescents' compose problems[J]. Learning Disabilities Quarterly,1988(12):300-322.

[131]WONG B Y L,JONES W. Increasing metacomprehension in learning disabled and normally achieving students through self-questioning training[J]. Learning Disabilities Quarterly,1982,5(3):228-240.

[132] Yanfang Ma. Metacognitive developmental patterns of primary and secondary school students[C]. Beijing:Paper for 28th International Congress of Psychology, 2004,August 8-13.

[133]ZABRUCKY K,MOORE D. Children's abilities to use three standards to evaluate their comprehension of text[J]. Reading Research Quarterly,1989(24):366-352.

[134]ZABRUCKY K,RATNER H H. Children's comprehension monitoring and recall of inconsistent story[J]. Child Development,1986(57):1401-1418.

附 录

附录 1：

O'Neil 状态元认知问卷

1. 在刚才的解题过程中，我能够意识到自己的思维。

2. 我边做题边检查自己的题做的对不对。

3. 我努力发现考题的主要思想。

4. 我力图弄清考题的目的之后再去答题。

5. 我能意识到什么时候用什么样的思维方法。

6. 我自己检查错误。

7. 我问自己，眼前的题和已知的题有什么联系。

8. 我努力弄清楚测验的要求是什么。

9. 我能意识到需要对自己的思考过程进行筹划。

10. 我几乎总是能知道自己的解答和完全正确有多大距离。

11. 我总是把题目的意思彻底想清楚了才开始答题。

12. 我确信我理解了应该做什么和应该怎么做。

13. 我能意识到我正在进行的思维过程。

14. 我"跟踪"自己的思维过程,必要时我会修改自己的思考方法。

15. 我用了多种思维方法来解决问题。

16. 我自己慎重思考后才做出如何去解题的决定。

17. 我意识到自己在完成一个题目之前总是试图弄懂它。

18. 我一边做题,一边检查自己的准确性。

19. 我在解答题目时,注意选择和组织有关的信息。

20. 在解题时,我力图理解这个题。

附录 2:

儿童元认知问卷(初稿)

1. 我知道什么时候应该使用什么样的学习方法

2. 我知道对我来说,哪些题目较难,哪些题目容易

3. 当我预先了解有关题目的相关知识时,我会掌握得更好

4. 我知道哪些因素能促进学习,哪些会干扰学习

5. 当我对某个题目感兴趣时,我会学得更好更快

6. 我认为设定学习计划并一步步实施非常重要

7. 考试时,我先努力弄清楚题目的要求是什么

8. 我知道自己擅长学习哪些科目,不擅长学习哪些科目

9. 我知道老师想让我学些什么

10. 解题时,我能迅速判断出已知条件不足或存在多余的条件

11. 我喜欢学习有些难度和挑战性的知识内容

12. 即使最难的功课,我也能想出办法来完成

13. 只要不断努力,我一定能在班上取得好成绩

14. 我认为,我能应付学习中遇到的困难

15. 我肯定能掌握老师在课上教的知识内容

16. 即使老师没有要求,我也常主动找一些题目进行练习

17. 为保证能安心学习,我主动使用一些排除干扰的方法

18. 我常常体验到学习的乐趣

19. 遇到难题,我能坚持不懈地思考,直到想出答案为止

20. 我设定的学习目标肯定能实现

21. 学习时我常思考所学内容与以前学过的知识之间有何联系

22. 考试中遇到难题,我先回忆学过的有关知识和类似题目

23. 学习时,我画图表帮助自己理解

24. 阅读时,我努力去理解材料的内容和大意

25. 学习时,我把学习材料中的重要观点变成自己的话说出来

26. 看书时,我勾画课本的重要内容

27. 学习时,我做笔记使自己记得更牢固

28. 准备考试时,我总是把自己认为重要的内容反复学习几遍

29. 我主动使用一些有效的方法帮助自己记忆

30. 考试时,我力图弄清考题的要求之后再去答题

31. 完成作业时,我先确信自己理解了应该做什么和应该怎样做之后才开始动手

32. 解题时,我总是先慎重思考后才决定如何去做

33. 学习之前,我首先想一想需要准备好哪些东西

34. 新的学期开始或开始学习一门新课程时,我先决定自己的目标是什么

35. 开始学习之前,我先想好要学什么

36. 我考虑问题的多种解决方法,然后选择其中最好的

37. 学习中,我不断向自己提问以确保自己理解了所学内容

38. 测验和考试之后,我通常很清楚自己哪些题做对了,哪些做错了

39. 学习新知识时,我常问自己:我学会了吗?

40. 为确保自己能按时完成功课,我会时而停下来看一下时间

41. 我边做题,边停下来检查自己做得对不对

42. 我能自己发现作业中的错误

43. 我关注自己的思考过程,以便必要时及时改变思路或策略

44. 学习材料乏味无趣时,我也能想办法让自己坚持学习下去

45. 我常反思自己在学习中使用了哪些有效的方法

46. 我常根据自己考试的情况调整我的计划和策略

47. 当我不能理解所读内容时,我会放慢速度再读一遍以帮助理解

48. 我尽量使用一些过去对我有效的方法去学习

49. 我更多关注那些我认为重要的学习内容

50. 我根据任务不同而选择不同的学习方法

51. 学习中,我尽量用自己的优势和长处去弥补自己的不足

附录 3:

消极学习行为教师评定表

1. 如果学习中有不懂的地方,很少想办法去弄懂它

2. 即使无事可做,也不愿意学习

3. 一读书就觉得疲劳乏味,想睡觉

4. 除了老师指定的作业外,不想多看书

5. 如果别人不督促,很少主动学习

6. 读书时,需要很长时间才能提起精神来

7. 虽然学习很努力,但成绩却总没什么进步

8. 在学习中,常常因为思想开小差而浪费了时间

9. 常为短时间内成绩没能提高而烦恼不已

10. 盼望早点离开学校,以求解脱

附录 4:

儿童元认知问卷

1. 我知道什么时候应该使用什么样的学习方法

2. 我知道哪些因素能促进学习,哪些会干扰学习

3. 我认为设定学习计划并一步步实施非常重要

4. 考试时,我先努力弄清楚题目的要求是什么

5. 解题时,我能迅速判断出已知条件不足或存在多余的条件

6. 我喜欢学习有些难度和挑战性的知识内容

7. 即使最难的功课,我也能想出办法来完成

8. 我肯定能掌握老师在课上教的知识内容

9. 我常常体验到学习的乐趣

10. 遇到难题,我能坚持不懈地思考,直到想出答案为止

11. 学习时我常思考所学内容与以前学过的知识之间有何联系

12. 学习时,我把学习材料中的重要观点变成自己的话说出来

13. 看书时,我勾画课本的重要内容

14. 学习时,我做笔记使自己记得更牢固

15. 我主动使用一些有效的方法帮助自己记忆

16. 考试时,我力图弄清考题的要求之后再去答题

17. 解题时,我总是先慎重思考后才决定如何去做

18. 学习之前,我首先想一想需要准备好哪些东西

19. 新的学期开始或开始学习一门新课程时,我先决定自己的目标是什么

20. 开始学习之前,我先想好要学什么

21. 学习中,我不断向自己提问以确保自己理解了所学内容

22. 学习新知识时,我常问自己:我学会了吗?

23. 我边做题,边停下来检查自己做得对不对

24. 我能自己发现作业中的错误

25. 我关注自己的思考过程,以便必要时及时改变思路或策略

26. 我常反思自己在学习中使用了哪些有效的方法

27. 我常根据自己考试的情况调整我的计划和策略

28. 当我不能理解所读内容时,我会放慢速度再读一遍以帮助理解

29. 我尽量使用一些过去对我有效的方法去学习

30. 我根据任务不同而选择不同的学习方法

附录 5:

策略信念评定访谈故事

访谈者每讲完一个故事,请被试将六个原因排列一下次序,把他认为可能性大的原因排在前面,认为可能性小的原因排在后面,主试记录。

1. 语文课上老师进行了听写测验,小明一个字都没有写错,全部正确,受到老师表扬。下面是他取得好成绩的可能的原因:①他进行了认真准备;②他聪

明,记忆力好;③老师听写的字词太简单;④他学习中使用了有效的方法;⑤他的运气好,老师听写的词语正好全会;⑥在家学习时爸爸或妈妈辅导得好。

2. 数学期末考试,小菲考的很糟糕,错了不少题,成绩不好。下面是她没考好的可能的原因:①她没好好复习;②她学习能力差,成绩一直不好;③老师出的题太难了;④她学习中使用的方法不对头;⑤她的运气不好,好多题都做错了;⑥在家学习时爸爸或妈妈没好好辅导她。

3. 小丽在年级英语朗诵比赛中,获得了第二名的好成绩,为班集体争了光。下面是她取得成绩可能的原因:①她进行了长时间的认真准备;②她朗读能力强,别人没法比;③她抽签抽到的文章很简单;④她在平时练习朗诵中掌握了有效的方法;⑤她的运气好,和她比赛的选手不是水平差就是出了错;⑥爸爸或妈妈会英语,在家练习朗诵时给了她很大帮助。

4. 语文课的小测验,李强没考好,在全班后十名之内。下面是他没考好的可能的原因:①他没好好复习;②他比较笨,成绩一直不好;③老师出的题太难了;④他学习中使用的方法不对头;⑤他的运气不好,好多会的内容老师都没考;⑥在家学习时爸爸或妈妈没帮他复习准备。

5. 小丽作文写得非常好,老师在课上给全班同学念了她的作文,并提出表扬。下面是她作文写得好的可能的原因:①她进行了认真准备;②她写作能力强,擅长写作文;③老师留的作文题目简单;④她掌握了写作文的有效方法;⑤她的运气好,写的作文正好老师喜欢;⑥在家写作文时,爸爸妈妈帮助了她。

6. 全年级举办了解应用题(文字题)竞赛,小伟15道题中仅做对了四道题,不但没取上名次,而且成绩非常差。下面是他没考好的可能的原因:①他没好好复习准备;②他不够聪明,应用题一直做不好;③这次考试题目太难了;④他学习中使用的方法不对头;⑤他的运气不好,好多会的题都没考;⑥在家学习时爸爸或妈妈没好好辅导他。

7. 数学期中考试,小亮考得特别好,成绩在全年级前五名之内,他非常高兴。下面是他取得好成绩的可能的原因:①他进行了认真准备;②他天生聪明,数学一学就会;③这次考试题目比较简单;④他学习中使用了有效的方法;⑤他的运气好,碰巧题目都会;⑥在家学习时爸爸或妈妈总辅导他。

8. 英语小测验,小红很多题都答错了,成绩非常低,老师在班上批评了她。下面是她没考好的可能的原因:①她没好好复习;②她不够聪明,英语总学不好;③这次考试题目太难了;④她学习英语方法不对头;⑤她这次运气不好,好多会的题都没考;⑥爸爸妈妈不会英语,在家学习时没人辅导她。

附录6:

　　策略理解水平评定(类型评定)使用词汇与访谈问题

轮船、书桌、橘子、喜鹊、坦克、沙发、茶几、麻雀、苹果、乌鸦、汽车、葡萄、椅子、鸽子、香蕉、飞机

访谈问题:

假如现在要求你记住这16个词,你会怎么做?

为了帮助你自己记住这些卡片,你刚才怎样做的?

说一说,为什么这种方法会帮你记得又快又准?

附录7:

　　策略理解水平评定(量的评定)使用词汇与访谈问题

钢笔、葡萄、南昌、菠萝、鸭梨、宁夏、武汉、书本、橡皮、墨水、合肥、福建。

方法①:12个词随机排列

方法②:随机四个一组,制不同颜色卡片:

红色:钢笔、南昌、鸭梨、武汉;

蓝色:橡皮、合肥、葡萄、菠萝;

黄色:宁夏、书本、墨水、福建。

方法③:语义分组:

第一组:钢笔、书本、橡皮、墨水;

第二组:葡萄、菠萝、鸭梨;

第三组:南昌、宁夏、武汉、合肥、福建。

方法④:随机三组:

第一组:钢笔、葡萄、南昌、菠萝;

第二组:鸭梨、宁夏、武汉、书本;

第三组:橡皮、墨水、合肥、福建。

访谈问题:

(1)方法①与②比较,哪一个更好?为什么?

(2)方法①与③比较,哪一个更好?为什么?

(3)方法①与④比较,哪一个更好?为什么?

(4)方法②与③比较,哪一个更好?为什么?

(5)方法②与④比较,哪一个更好?为什么?

(6)方法③与④比较,哪一个更好?为什么?

附录8:

固定时间学习条件下要求被试识记的词对

二胡——乐器　　　　竹竿——风雪　　　　楼梯——花桃

老虎——动物	白纸——花猫	地球——克坦
书桌——家具	海浪——庄稼	雷雨——伴伙
辣椒——蔬菜	粉笔——竹楼	皮球——机司
丁香——植物	孩子——山泉	松树——米大
鸭梨——水果	电话——家乡	大雁——江长
钢笔——文具	宝塔——青蛙	农场——桥石

附录 9：

　　　　自定步调学习条件下要求被试识记的词对

医院——病人	马蹄——围墙	电脑——鼠标
城市——宝剑	手枪——子弹	士兵——房屋
书包——课本	古诗——眼睛	相机——照片
泥土——商店	池塘——青蛙	海滩——黄瓜
乌云——雷雨	学校——姑娘	蝴蝶——鲜花
香炉——帆船	毛巾——香皂	台灯——小说
粉笔——黑板	网球——信封	二胡——乐器

附录 10：小学生元认知训练课程提纲

　　　　第一课　　学习总动员

目标：

1. 向学生介绍"学习课"。

2. 增强学习的自信心。

引导活动：

1."我来想办法"

全班同学离开座位,教师从教室的前端走到教室的后面"同学们,老师从讲台自然走到了后面,现在请同学们也从前面走到后面,但是不能和老师走的样子一样,后面的同学也不能走的和前面同学一样,现在开始……"

提示:鼓励学生一起想办法

2."我会做……"

请同学们想一想,小孩刚刚出生的时候,会做些什么?再想想到目前为止,你已学会做了哪些事情,找张白纸,把你想到的东西列出来。在班上交流。

提示:使学生认识到每个人学习的潜力是非常大的

主题活动:

(1)向学生讲解、示范学习过程中的策略流程,鼓励按流程一步步进行学习

(2)介绍"学习日记"的形式、内容、要求

课后作业:

要求学生关注自己的学习方法,总结自己学习中使用过哪些好的方法,把在学习中遇到的此类问题及时记录下来,看到好的学习策略、方法方面的文章摘抄下来。

资料袋:

学习过程中的策略流程

任务前策略:

  1.准备:是否准备好了所需的学习用品和学习材料?

  2.了解:当前学习任务的要求是什么?

  3.回忆:我学到过哪些相关或相似的知识?

  4.思考:我将怎样学习、思考?

任务中策略:

  5.提问:运用背景知识提出问题,如:现在的问题和过去有何不同?

  6.尝试:目标是什么?如何向目标靠近?哪些方法可试?

  7.监测:是否在朝着既定目标靠近?

  8.检查:问题解决了吗?我做对了吗?

任务后策略:

  9.反思:还有没有其它可行方法?哪种方法更简便?

  10.归纳:我学到了哪些新知识、新方法?

  11.巩固:重复重点、摘记要点

  12.预测:预测未来的学习、提出新问题

学习日记内容

1.今天新学到了哪些知识?

2.老师讲的都听懂了吗?

3.还有哪些地方不理解?

4.不懂的地方是否问老师或同学了?

5.对今天学的东西有兴趣吗?

6.上课前准备是否充分?

7.上课时注意力是否集中?

8.课堂发言积极吗?

9.课堂练习做对了吗?

10.老师布置的作业都完成了吗?

11.预习明天要学的内容了吗?

12.其他想和老师说的话:

第二课　学会"专心"

目标:

1.使学生认识"专心"对学习的重要性。

2.了解学习中哪些因素让自己分心,如何去避免分心。

引导活动:

1.画物:找一件学生熟悉(最好是随身能找到)的物品,如一枚硬币。观察一分钟然后收起,请同学们根据想象画出刚刚看过的东西,看谁记得清晰,画得细节最多最接近原物。

提示:让学生观察时不要泄漏意图

2.数数比赛:在一张有25个小方格的表中,将1—25的数字打乱顺序,填写在里面,然后以最快的速度从1数到25,要边读边指出,同时计时。

提示:每小组派一名代表参加比赛,教师以秒表或电子表计时。

引导:这两项活动都需要集中注意力才能做好,学习也需要我们长时间集中注意力,有些同学学习好,就是因为他们学习时"专心"。

主题活动:

1. 分小组讨论:(1)哪些情况下,你难以专心学习?

　　　　　　(2)在这种情况下应该怎么办?你有何好建议和方法?

2. 练习:"我能多坚持一会儿"

在完成预定任务后,再有意识集中精力(如闭目做三次深呼吸)多完成"一点儿"任务,仅仅是一点儿,如多做一道题、多读一页书、多记一个单词、多写一行字。完成任务后马上停止,体会一种积极心态,一种成就感。坚持这样做,习惯成自然,对学生注意力的集中程度和持续时间都有潜移默化的影响。

课后作业:

1. 课后有意识地运用所学内容,排除干扰,在学习时做到最大程度的"专心"。

2. 使用"我能多坚持一会儿"有意识训练注意力。

资料袋:

有关"注意"的小知识

学习需要长时间集中精力,排除干扰集中精神学习的能力就是心理学中讲的注意力。对不少学生来说,容易受到干扰、学习时不专心,是影响成绩的极大障碍。

使学生分心的因素很多,概括起来有三种:外部环境、内心、目标不明确。

1. 外部环境干扰:

▲ 椅子不舒服

▲ 桌子太高或太矮

▲ 街道上的噪音

▲ 光线不好

▲ 温度不适

▲ 一些诱发你做其他事情的东西

▲ 在周围谈话的人

▲ 同学或朋友

2. 内部干扰：

▲ 睡眠不足

▲ 饮食不佳

▲ 缺乏锻炼

▲ 生病

▲ 情感或精神方面的因素（想家、和同学闹矛盾、受到老师批评、对将完成任务的担忧等）

3. 没有目标

有时候难以集中注意力是因为对"我为什么做这些"这一问题没有明确答案，因而会边做事情边想为什么非要做这件事而不干其他事。

怎样才能专心？

使注意力集中的五条原则：

▲ 保证身体健康、精力充沛

▲ 选择合适的环境

▲ 做好学习的准备（文具、书本、去厕所等）

▲ 排除分心的精神因素

▲ 明确学习目的

第三课 学习会"计划"

目标：

1. 使学生学会主动规划自己某一阶段内的学习活动。

2. 了解时间管理的简单原则：先完成重要的任务，再做其他事情。

引导活动：

时间管理专家为一群商学院的学生讲课。

"我们来做个小测验。"专家拿出一个一升的广口瓶放在桌子上。随后，他取出一堆拳头大小的石头，把它们一块块放进瓶子里，直到石块高出瓶口再也放不下为止。他问："瓶子满了吗？"所有学生应道："满了。"他反问道："真的？"说着，他从桌下取出一桶砾石，倒了进去，并敲击玻璃瓶壁使砾石填满石块间的间隙。"现在瓶子满了吗？"这一次学生明白了，"可能还没有。"一位学生应道。"很好！"他伸手从桌子下拿出一桶沙子，把它慢慢倒进玻璃瓶。沙子填满了石块的所有间隙。他又一次问学生："瓶子满了吗？""没有满！"学生大声说。然后专家拿出一壶水倒进玻璃瓶直到水面与瓶口齐平。他望着学生问："这个例子说明了什么？"

同学们，看了这则小故事，你从中悟出了什么？

提示：

如果把教授的实验顺序颠倒一下，先在瓶子里放满沙子，显然那就无法再放入小石块，更不能放入大石块了。同样，如果你的时间都被一些琐碎的杂事所占用了，那就没有时间做一些重要的事了。因此做事情要计划好，合理安排，分清轻重缓急，区分重要的与不重要的。

主题活动：

1. "五一"快到了，学校要放假，想一想，在假期里：

* 你自己想做的事情有哪些？
* 老师想让你做的事情会有哪些？
* 家长想让你做的事情会有哪些？

＊不太想做但必须得做的事情有哪些?

2. 以小组为单位,设计一份假期生活与学习计划。完成后写在一张较大的纸上,贴在附近的墙上展览。教师指定一个小组专门研究另外某一小组的计划,指出该小组计划的优点和不足。教师在此过程中进行提升概括。

3. 几个怎么办?

＊遇到特殊情况(生病了,当天计划没完成)怎么办?

＊自己的计划与家长安排(旅游)不一致怎么办?

＊某门课没有布置作业怎么办?

＊制定的计划怎样才能落实好?

课后作业:

每个同学根据自己的情况,设计一个一周的计划表,请老师签字后,带回家,与家长协商(如有必要,请家长结合实际情况修改)。家长签字并监督孩子执行,如能按要求完成,给孩子适当奖励。

资料袋:

优秀"阶段性学习计划"的必备特点

1. 包括了该阶段内所必须完成的全部固定任务,无遗漏。

2. 在自己每天思维最活跃、状态最好的时候安排学习活动。

3. 合理安排了必要的非学习活动(如锻炼身体、休息等)。

4. 留有余地,具有灵活性,适当保留一些空白和机动时间。

5. 明确表明每天需要优先完成的任务。

第四课　了解记忆

目标:

1. 使学生对记忆知识有初步的了解,为以后介绍记忆方法课做准备。

2.激发学生提高记忆效果的欲望。

引导活动：

记忆接力赛：教师预先准备三组纸条，第一组上面随机写4个双字词，第二组写7个，第三组写10个（每组纸条数为本班学生座位总列数）。将纸条发给第一排同学，让他们记忆，然后口传给后座的同学，口传时不要看纸条，第二排同学再凭记忆口传给第三排后座同学，依次传到最后一排同学，最后排同学用笔记录下前排同学所传内容，交给老师。

说明：1.口传给下一位同学时不能再回头问前一排同学。

2.整个活动过程尽量保持安静，各组不要影响其他组。

3.老师比对两张纸条，接力速度快，准确率高的组为获胜组。

主题活动：

我们的记忆：教师在黑板上画一条长线，在一头写上"几秒钟"，另一头写上"永远"，中间位置写上"暂时记住，过一段时间忘记"，然后师生一起往这条线上填内容，问学生什么东西记完之后接着就会忘记，什么东西记完之后虽然不会马上忘，但是经过一段时间之后就会忘记，什么样的事情会记得更长一些，甚至永远不会忘，老师将学生回答的内容写在黑板上。

小结：对那些与个人相关、对自己有重要意义的事情相对不容易忘记，使我们学的东西变得更加有意义，学习起来就会更容易。每个人的记忆都是一个忘与不忘的连续体，如图①所示：

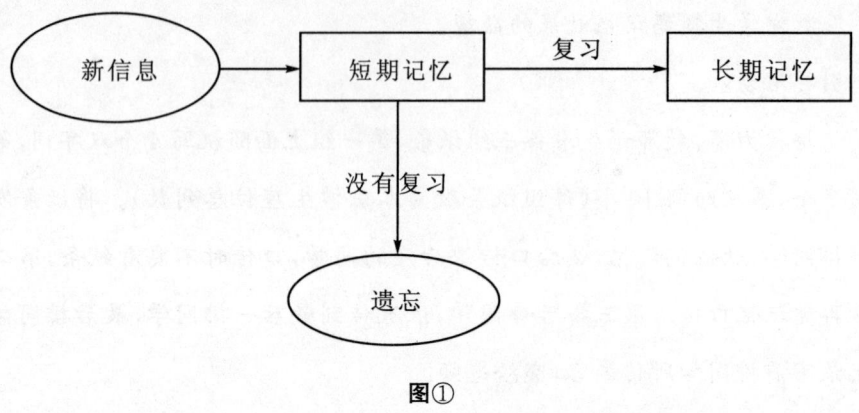

图①

很多时候我们觉得记住了,事实上只处在短期记忆阶段(心理学上称短时记忆),这个阶段很迷惑人,因为确实我们感觉记住了。但短期记忆的两个特点:一是保持时间短,因而会转眼就忘;二是记的数量有限,多了就记不住了,就像开始时的游戏,10个词就很难记,因为超出了量(一般5~9个为宜),要使短时记忆内容长期保持,就要及时不断地复习,使它们进入到长期记忆之中。

课堂或课后作业:

你在记忆方面感到有哪些问题,请写下来交给老师。

你有哪些好的记忆方法,请写下来告诉老师。

第五课　防止遗忘

目标:

1. 在前一课介绍记忆基础知识的基础上,帮助学生了解遗忘的规律。

2. 使学生掌握一些防止遗忘的基本方法。

引导活动:

1. 成语接龙　先做成语接龙游戏,然后请学生回忆接龙中的词。

提示:有线索时容易回忆

2. 心算测验

老师写几张纸条,给不同小组(列)上面写着不同的任务要求:一半人看到的问题是:"请计算车上最后有多少人?"另一半人的问题是:"请计算公共汽车经过了多少站?"

老师以缓慢速度念出下题:有一辆公共汽车载了8位乘客由总站出发开到了第四站,在该站,有3个人下车,5个人上车。到了下一站,有4个人下车,5个人上车。再下一站又有4个人下车,但没有人上车。再下一站,有6个人下车,然后有两个小孩和他们的母亲上了车。再下一站又有2个人下车,并有11位老人上车。又下一站,有9个人下车,4个人下车,其中有3位女性。接着再下一站,没有人下车,但有4个人上车。再下一站,有1个人下车,不过他马上又上了车。

问:车从总站出发开始一共经过了多少站?

车上最后剩多少人?

提示:为什么没能答对另一个问题? 因为预先告知的大家记忆的目的是不同的,所以记人的记住了人,记站的记住了站。所以,有意识记忆,形成记忆的目标是记忆的大前提,学习也是如此,要有自觉的记忆的意识。

主题活动:

比比看谁记得多:

材料:帽子　电话　仙人掌　点心　信封　钱　泥鳅　办公桌　房屋　铅笔　上衣　花边　纽扣　袜子　改锥　米饭　花猫　书本　吊灯

时间:3分钟

遗忘规律:

在19世纪有一位德国心理学家艾宾浩斯曾专门做过实验,他每天强迫自己学习一些无意义的材料,根据他的实验结果,完全记住的东西在20分钟之后,有42%已经忘掉;1小时后遗忘率达到56%;9小时后达到64%;一天后遗忘率为66%。也就是说,如果把记住的东西放下不管,不消一个晚上,你就会忘记得差不多了。

怎样才能防止遗忘呢?下面建议是有用的:

1. 要有目的的记,要知道哪些内容是需要记住的;

2. 要及时地复习,当天学到的内容要在当天找时间复习;

3. 过度学习,把认为掌握了的内容再多看几遍;

4. 尝试回忆,复习之前(如写学习日记前)先不看书,看看自己记住了多少;

5. 给别人讲授有助于巩固记忆;

6. 一次记的东西不要太多,如果较多,把他们分成几个部分;

7. 制作记忆卡片可以用来帮助记忆。

课后作业:

1. 主动运用一种或几种老师告诉你的方法,防止遗忘,提高记忆效果。

2. 在记忆方面你有哪些好方法?准备一下,下次课和同学们一起讨论。

第六课 记忆方法

目标:

1. 在前两次课的基础上,进一步帮学生掌握一些高级的记忆方法。

2. 使学生关注记忆活动,激发其提高记忆力的兴趣。

引导活动:

1. 数字跟读:教师准备若干长短不同(5~15)的随机数字,读一遍后请一同学跟读,从短系列逐渐加长,直到学生不能完整跟读为止。

2. 逆序跟读:从三位随机数开始,要求学生将听到的数字系列逆序重复出来,再逐渐加长,直到学生不能正确逆序重复为止。

3.两分钟记圆周率:

π=3.14159265358979323846264338327 9

主题活动:

1.形象联想法

请记忆:火车、河流、风筝、大炮、鸭梨、黄狗、闪电、街道、松树、高粱

方法:高速的火车在河流上奔驰,河流上飘来一个大风筝,风筝吊起一门大炮,轰轰炮响,使炮口打开的鸭梨射入黄狗的口中,黄狗闪电一样跑上街道,爬上一棵老松树,偷吃树上的红高粱。

要点:a)将要学的东西尽量形象化,逼真、奇异;

b)建立识记项目之间的联系。

练习材料:

第一组:铝锅 椅子 帆船 肥皂 香蕉 地毯 书信 汽车 河流 大炮 拖鞋 口袋 羽毛 绳子

第二组:帽子 电话 仙人掌 点心 信封 钱 泥鳅 办公桌 房屋 铅笔 上衣 花边 纽扣 袜子 改锥 米饭 猫 书 灯

2.分类记忆法

请记忆:猫 帽子 狗 挂钟 眼镜 衣柜 风衣 桌子 鹦鹉 鞋子 沙发 夹克

方法:动物:猫 狗 鹦鹉 金鱼

　　　家具摆设:挂钟 桌子 衣柜 沙发

　　　衣服:帽子 鞋子 风衣 夹克

练习材料:玫瑰 小汽车 钢笔 书桌 飞机 床 卡车 蜡笔 水仙 写字台 粉笔 火车 彩虹 铅笔 月季花 椅子

3. 精加工和组织策略

方法：精加工就是为了更好的理解和记住学习的内容而做的意义或线索的添加。组织就是把要学习的材料重新安排、归纳和整理，包括画图、列提纲等。两种策略都旨在使信息有效编码，易于保持和回忆。

举例：

三国建国年代，公元220年，曹丕建魏，定都于洛阳，需记的内容有："220" "曹丕" "建魏" "洛阳"等项，可用联想加串联法记作："曹丕喂（魏）洛羊（阳），一天二两（22）饼（0）"。同理可记："刘备守（蜀）成都，一天二两（22）药（1）"；"孙权建吴业（建业），养了三只鸭（222）"。因为刘备建蜀时已风烛残年，故一天二两药；而孙权的吴国在长江边上，故与养鸭联系。

二十四节气：春雨惊春清谷天，

夏满芒夏暑相连，

秋处露秋寒霜降，

冬雪雪冬小大寒。

（请高年级老师结合最近所学内容增添画图、列提纲等材料）

4. 其他（组织学生讨论）

如谐音法，如圆周率记作：山巅一寺一壶酒，尔乐苦煞吾，把酒吃，酒杀尔，杀不死，乐尔乐。

白求恩生于1890年，死于1939年。可记为：白求恩一把（18）手术刀救死（90）扶伤，自己却牺牲在三九（39）天。

课后作业：

思考如何在实际学习中使用学到的记忆方法。请把你自觉应用某种方法的情况在学习日记中告诉老师。

第七课 我的学习小窍门

目标：

组织学生在班级内交流个人的学习方法，激发学习兴趣和对方法的关注。

引导活动：

找错：出示一段或几段文字材料（里面故意包括一些学生常见错别字）请学生仔细观察，并在规定时间内找出其中的错别字。同理也可使用英语材料（包含故意拼写错的单词）和数学材料（包含学生解题的典型错误）完成活动。

提示：该活动旨在训练学生的注意力和监测能力，同时强化对易错知识点的记忆。材料需教师根据所教学科、最近学习内容及学生常见问题事先精心准备。这种形式也建议实验班教师用到平时的课堂教学中，作为引导学生复习巩固有关知识的一种手段。

主题活动：

我的学习"小窍门"

1. 先让学生分小组讨论，"在平时学习中，你常使用哪些方法或哪些方法对你的学习有帮助？"轮流发言，一人记录，最后每组推荐1～2名代表。

2. 全班交流。各组代表在全班内介绍本组中讨论到的学习方法。

3. 教师总结。指明方法的重要性，参考附件介绍一种或几种学习方法，鼓励学生们尝试使用。

课后作业：

选择一种或几种方法，积极尝试使用，坚持使用一段时间后，把效果告诉老师。

资料袋：

几种有效的学习方法

1. 五步学习法

（1）预习时认真阅读课本，找出不懂的地方做好标记，为听课做好准备。

（2）听课时要专心，认真做笔记，不懂之处举手问或做出明确标记课下问。除认真听讲外，还要注意看老师的表情、板书、挂图、实物等，形成深刻印象。

（3）复习时先不看书，把课上学的知识先回忆一遍，然后看书把课上没弄懂的地方弄明白，同时整理一下笔记。

（4）复习之后再做作业。做作业时要认真审题，这样才能做正确，提高速度。做完作业后要检查，还要考虑这道题还有没有其他做法？它属于哪一类问题？包含了哪些共同规律？我做对了吗？

（5）每一星期或每一单元结束后，要及时进行小结，想想学到了什么，会了什么，还有哪些知识需要补上。

2. SQ3R 法

罗宾生（Robinson）提出的 SQ3R 法是提高学习效率的一种好方法。SQ3R 是由 Survey, Question, Read, Recite, Review 几个单词的第一个字母缩写成的。

（1）概览（Survey）：即概要性地阅读。当你要读一本书或一段文章时，你必须借助标题和副标题知道大概内容，还要抓住开头、结尾及段落间承上启下的句子。这样一来，你就有了一个比较明确的目标有利于进一步学习。

（2）问题（Question）：即在学习时，要把注意力集中到人物、事件、时间、地点、原因等基本问题上，同时找一找自己有哪些不懂的地力。如果是学习课文，预习中的提问可增加你在课堂上的参与意识。要是研究一个课题时你能带着问题去读有关资料，就能更有的放矢。

(3)阅读(Read)：阅读的目的是要找到问题的答案，不必咬文嚼字，应注重对意思的理解。有些书应采用快速阅读，这有助于提高你的知识量，有些书则应采用精读法，反复琢磨其中的含义。

(4)背诵(Recite)：读了几段后，合上书想想究竟前面讲了些什么，可以用自己的语言做一些简单的读书摘要，从中找出关键的表达词语，采用精练的语言把思想归纳成几点，这样做既有助于记忆、背诵或复述，又有助于提高表达能力，且使思维更有逻辑性。这种尝试背诵的方法比单纯重复多遍的阅读方法效果更好。

(5)复习(Review)：在阅读了全部内容之后，回顾一遍是必要的。复习时，可参考笔记摘要，分清段落间每一层次的不同含义。复习的最主要作用是避免遗忘。一般来说，及时复习是最有效的，随着时间的推移，复习可逐渐减少，但经常性的复习有助于使学习效果更巩固，所谓"拳不离手，曲不离口"，即是此意。

3. MURDER(可译作默得，英语词义为谋杀)学习法

• 情境：设定一个积极的学习心境，选择合适的时间和环境，并采取主动的态度；

• 理解：在学习时，记下任何你不明白的内容；一个单元一个单元地学，一组练习一组练习地做；

• 回忆：学完一个单元后，用自己的话复述你所学过的东西；

• 领会：返回到你原先不明白的地方，重新琢磨那些内容；如果你仍然不明白的话，向外部资源讨教（例如，其他书籍或老师）；

• 引申：在这一阶段，就所学的材料问三类问题：

1) 如果我能见到作者,我会问他什么问题?

2) 我怎么才能把这些内容用到我感兴趣的生活之中?

3) 我怎么能够把这些知识向别人讲得生动、明白、易懂?

- 复习:复习一遍学过的内容,记住,你采用了什么方法帮助你理解并/或记住这些知识;把这些方法用于你将来的学习研究。

mood	understand	recall	digest	expand	review
情绪	理解	回忆	领会	引申	复习

MURDER 是以上六个英语单词首写字母的联合。

第八课 好习惯与坏习惯

目标:

使学生懂得良好的学习习惯和正确的学习方法是学习成功的重要保证,良好的学习习惯能确保正确方法的实施和效果。

引导活动:

使用《小学生学习习惯检查表》(见资料)对学生进行一次小测查(可以印发给学生,也可老师逐题读给学生,学生作答,最后自己评分或与同桌交换评分),看看哪些同学得分高,哪些同学得分低。

主题活动:

第一步:我有哪些好习惯?(对照检查表中带＊号的题目,写下自己具有的好习惯)

第二步:我有哪些坏习惯?(对照资料,写出自己具有的坏习惯)

第三步:找出3～5个你最想改进的习惯,分小组讨论,请大家提出如何改进的建议,完成下面学习习惯改进表。

学习习惯改进表

姓名	班级	时间
想改进的不良习惯	改进方法	效果
1. 2. 3. 4.		

活动提示：以上活动中教师都要贯穿渗透"采用正确的学习方法，养成好的学习习惯，你的学习成绩肯定会更好"这样一种思想。对于如何改进不良习惯，要集思广益，实施过程中可提议学生间相互监督和提醒，在学习日记中可记录自己的进步。

课后作业：

根据课上制定的学习习惯改进计划，落实实施，请同学老师监督。

资料袋：

小学生学习习惯检查表

指导语：请同学们仔细阅读表中的每一个问题，结合自己的具体情况，想想看，认为符合自己的实际，就在题号后面的括号里打上"√"号，不符合的就打"×"号，并举例演示。然后问大家：懂了吗？会不会做？好，懂了就从第一题开始做，不要漏题，做好了再检查一遍，50个题是不是都做了。

*1. 上课时，必要的学习用品都带齐了。　　　　　　　　　　（　　）

2. 经常迟到。　　　　　　　　　　　　　　　　　　　　（　　）

*3. 总是在前一天备齐学习用品。　　　　　　　　　　　　（　　）

*4. 课堂上能积极提问或回答问题。　　　　　　　　　（　）

5. 上课时,在笔记本上乱写乱画。　　　　　　　　　（　）

*6. 能爱护教科书和参考书。　　　　　　　　　　　　（　）

*7. 考试答卷写得很认真。　　　　　　　　　　　　　（　）

*8. 总是在规定的时间和地方学习。　　　　　　　　　（　）

9. 学习时有小朋友来找我就跟他去玩。　　　　　　　（　）

*10. 在书桌前坐下就开始学习。　　　　　　　　　　（　）

*11. 出声地读课文。　　　　　　　　　　　　　　　（　）

*12. 放学回家后马上写作业。　　　　　　　　　　　（　）

*13. 学校学过的功课回家后认真复习。　　　　　　　（　）

*14. 发回的试卷每次都给家长看。　　　　　　　　　（　）

15. 预习明天的课程。　　　　　　　　　　　　　　（　）

*16. 每天按规定好的时间学习。　　　　　　　　　　（　）

*17. 对自己不明白的问题有查字典或参考书的习惯。　（　）

*18. 对自己学得不太好或不喜欢的功课也能努力学。　（　）

19. 因贪玩占用了学习时间。　　　　　　　　　　　（　）

20. 有一边学习,一边看电视或听收音机的习惯。　　（　）

21. 玩和学习的时间划分得很清楚。　　　　　　　　（　）

22. 起床和睡觉的时间每天都不同。　　　　　　　　（　）

23. 一边学习,一边吃东西。　　　　　　　　　　　（　）

24. 有时会讲"我做了可怕的梦"这样的话。　　　　　（　）

*25. 喜欢开玩笑引人发笑。　　　　　　　　　　　　（　）

26. 受到批评后总是闷闷不乐。　　　　　　　　　　（　）

27. 说过"学习无用"一类的话。　　　　　　　　　　　（　）

28. 学到的知识经验经常忘记。　　　　　　　　　　　（　）

29. 考试分数不好,总放在心上。　　　　　　　　　　（　）

*30. 班主任在与不在教室时,表现一样。　　　　　　　（　）

*31. 愿意和老师一起玩。　　　　　　　　　　　　　　（　）

32. 在背后说老师的坏话。　　　　　　　　　　　　　（　）

*33. 受到哪位老师表扬,感到学习有乐趣,就喜欢听他的课。（　）

34. 受到哪位老师批评,讨厌读书,就不愿听他的课。　（　）

*35. 喜欢参加运动会、汇报演出会、文化娱乐活动等文体活动。（　）

36. 常常受到老师的警告。　　　　　　　　　　　　　（　）

*37. 常常受到老师的表扬。　　　　　　　　　　　　　（　）

*38. 每周制定自己的生活计划。　　　　　　　　　　　（　）

*39. 每学期开始,能明确提出新的努力目标。　　　　　（　）

*40. 能合理安排寒暑假生活,并认真执行计划。　　　　（　）

*41. 对自己擅长的功课能更加努力去学。　　　　　　　（　）

*42. 在学习上能与同学互教互学。　　　　　　　　　　（　）

*43. 在学习上表现出竞争意识。　　　　　　　　　　　（　）

44. 在背地里讲同学的坏话。　　　　　　　　　　　　（　）

*45. 能充分利用图书馆或阅览室的书。　　　　　　　　（　）

46. 不愿在家里学习,常到同学家去学习。　　　　　　（　）

*47. 除了做功课以外,还喜欢做其他事情。　　　　　　（　）

48. 时常感到睡眠不足。　　　　　　　　　　　　　　（　）

49. 允许别的孩子随便动用自己的学习用具。　　　　　（　）

*50. 欢迎家长积极参与学校举行的各种参观、教学及文娱活动。（ ）

请同学们看一下检查表里这50个题,有的题号前有*标记,有些题则没有。先看题前有*标记的题,凡题前有*标记的题打"√"号的,就在括号旁边写2分,打"×"的给0分,听懂了吗？好,开始评分。评完后再看题前没有标记的题,恰好相反,打"√"号的给0分,打"×"的给2分,懂了吗？好,开始评分。最后把所有的分加起来,得出总分。

86～100分为优,说明学习习惯非常好。

71～85分为良,说明学习习惯比较好。

46～70分为中,说明学习习惯一般,需要改进。

31～45分为较差,说明学习习惯需要努力改进。

0～30分为很差,说明学习习惯需要大力改进。

20种常见的不良学习习惯

1. 学习时间不固定,不制定学习生活作息时间表;

2. 课堂上思想开小差,精神不集中;

3. 自习课目标不明确,东翻西看,浪费时间;

4. 不准备工具书,需要查辞典字典时,还嫌麻烦,马马虎虎地应付学习;

5. 爱面子,不懂不会也不问;

6. 学习时沉迷于空想;

7. 快下课时就听不进去了,早早把书包收拾好,心中开始想着课后的娱乐活动;

8. 下课马上放松自己,从来不想想这堂课都学了些什么;

9. 做作业前不看书,做完作业不相信自己,总要找人对对答案才放心;

10. 作业本、作文本、考试卷发到手,看看分数,扔到一边,不认真分析检查;

11. 做作业或复习时,常做一些小动作;

12. 遇到好电视,就忘记做作业;

13. 边做作业,边听收音机;

14. 学习时常说闲话;

15. 学习完把书本胡乱一扔,再学习时现用现找,浪费时间;

16. 平时不复习,考前开夜车;

17. 考得不好却不愿听批评;

18. 喜欢哪科学哪科,偏科;

19. 情绪波动大,因喜怒哀乐的情绪而影响学习;

20. 因基础没打好,变得灰心,自暴自弃。

第九课　你会做笔记吗?

目标:

1. 让学生认识笔记是帮助他们掌握知识、发现知识之间内在联系、整合新旧知识的重要手段。

2. 了解笔记的多种形式,掌握做记号笔记的方法。

引导活动:

1. 看谁填得对又快

设计一些符号对应1—9不同数字,要求一定时限内在随机数下面填上对应符号。提示:这是一个热身活动,但也涉及方法问题。通过活动老师要归纳到:好的方法才会取得好的成绩。做事情应先考虑方法再动手做。

2. 好记性与烂笔头

请老师选择一篇略长一点,信息较为丰富的文章,以中等速度读给学生听。一部分学生听的过程中可用笔记录一些认为有用的东西,另一部分学生只是听,不许做任何记录(在此也可穿插一些无关活动)。然后老师就有关信息提出问题,请同学回答,比较两组记忆效果。

主题活动:

学做记号笔记(该活动需老师做出指导示范和根据需要进一步完善,并在一段时间内监督实施)

1. 什么是记号笔记

记号笔记就是在看书和听课学习时,在自己认为是重点、疑问或其他需要的地方,按照自己的习惯画上各种记号,以便再次阅读时可以快速找到重要信息。

做记号的方法主要有颜色标记法(以不同颜色标记不同内容)和符号标记法(以不同符号标记不同内容)。

2. 设计自己的记号:

以(　　)颜色或(　　)标出重要的概念及定义或原理

以(　　)颜色或(　　)标记出不理解和未掌握的内容

用(　　)颜色或(　　)标志已经完全理解和掌握的内容

在重要段落前面加上(　　)记号

(先让学生自己设计,再用少数服从多数的方法,确定全班统一的记号标准)

3. 何时做记号

最好在当天复习所学内容的时候做记号

4. 如何知道自己掌握了还是没有掌握?

1) 回忆法:复习时先不看书,回忆今天老师讲了哪些具体内容,在脑子里面放电影,能清楚想起来的就是掌握了的,不能清晰想起来的就是还没完全掌握的。

2)错误发现法:从自己当天做错的或没做上来的题目中了解自己哪些内容还没有掌握好。

3)互问法:就当天所学某门课所学内容,一名同学向另一名同学提出各种问题,回答出的就是掌握了的,回答不出的就是还没完全掌握的。此活动可两同学交换进行。

课后作业:

尝试使用记号笔记法,帮助自己学习,其中尤其以 4 为关键。

资料袋:

怎样做课堂笔记:(高年级选用)

课堂笔记是提高听课效率的重要方法。课堂笔记一是要记下老师讲课的重点和难点,另外也要记下自己听课中产生的问题、想法。具体说,要记录以下内容:

1. 记老师的板书。板书是老师在黑板上列出的讲课纲目,它展现了一节课的主要内容,反映了知识之间的逻辑联系,便于我们理解和掌握,应完整记录下来。

2. 记老师的思路。看看老师是怎样提出问题,分析问题,一步步解决问题的。

3. 记典型事例。典型事例就是那些有代表性的例子,回忆时能起到提示作用。

4. 记补充内容。有时老师会补充一些课本上没有的知识,应及时记录一下。

5. 记老师的总结概括。当一节课或某部分内容快结束的时候,老师的总结非常重要,常常是对这部分内容的高度归纳与概括,对我们把握重点,了解知识之间的相互联系非常有帮助。

6.记自己的疑问和不同见解。记录下自己的疑惑、不清楚的地方,对老师所讲内容有不同见解也可记录下来,以便课下找机会和同学或老师请教和交流。

第十课 迎接考试

目标:

1.帮学生树立明确的目标,积极备考。

2.交流复习和考试的经验,取人之长,补己之短。

引导活动:

两则小故事:

★1952年7月4日清晨,美国加利福尼亚海岸笼罩在浓雾中。在海岸以西21英里的卡塔林纳岛上,一位34岁的妇女跃入太平洋海水中,开始向加州海岸游去。要是成功的话,她就是第一个游过这个海峡的妇女。这名妇女叫弗罗伦丝·查德威克。在此之前,她是游过英吉利海峡的第一个妇女。那天早晨,海水冻得她全身发麻。雾很大,她连护送她的船都几乎看不到。时间一个小时一个小时地过去,千千万万人在电视上看着。有几次,鲨鱼靠近了她,被人开枪吓跑了。她仍然在游着。

15个小时之后,她又累又冷,她知道自己不能再游了,就叫人拉她上船。她的母亲和教练在另一条船上。他们都告诉她离海岸很近了,叫她不要放弃。但她朝加州海岸望去,除了浓雾什么也看不到。几十分钟后——从她出发算起是15个小时55分钟之后——人们把她拉上船。又过了几个小时,她渐渐觉得暖和多了,这时却开始感到失败的打击。她不假思索地对记者说:"说实在的,我不是为自己找借口。如果当时我能看见陆地,也许我能坚持下来。"人们拉她上船的地点,离加州海岸只有半英里!查德威克一生中就只有这么一次没有坚持到底。两个月之后,她成功地游过同一个海峡。

想一想:弗罗伦丝·查德威克为什么第一次横渡海峡没有成功?

★1984年,在东京国际马拉松邀请赛中,名不见经传的日本选手山田本一出人意料地夺得了世界冠军。当记者采访他时,他告诉了众人这样一个成功的秘诀:我刚开始参加比赛时,总是把我的目标定在四十多公里外终点线上的那面旗帜上,结果我跑到十几公里时就疲惫不堪了,我被前面那段遥远的路程给吓倒了。后来,我改变了做法。每次比赛之前,我都要乘车把比赛的路线仔细地看一遍,并把沿线比较醒目的标志画下来,比如第一个标志是银行;第二个标志是一棵大树;第三个标志是一座红房子……这样一直画到赛程的终点。比赛开始后,我就以百米的速度奋力向第一个目标冲去,等到达一个目标后,我又以同样的速度向第二个目标冲去。四十多公里的赛程就这样被我分解成这么几个小目标轻松地跑完了。

想一想:山田本一为何能成功?

提示:以上两则故事从正反两方面体现出明确的目标对成功的重要性。

主题活动:

期末考试将近,结合自己的实际情况,确立一个明确的目标(比如,某某课我要考多少分或者多少名之内,也可以以其他同学做目标,如超过某某人),把它写在学习日记里。

经验交流会:

各个小组分别讨论:(轮流发言,一人记录)

1.怎样有效地复习准备考试?

2.怎样在考试期间保持良好的情绪?

3.怎样进行考试?

全班交流：每个小组派一名代表，介绍本组讨论的结果。

提示：分组时老师可有意识的安排一些好同学在不同小组。对学生发言中一些好的思路、做法及时概括，并鼓励和肯定。资料袋中给出了一些有关考试的一些指导原则，老师可进一步完善，适时交给学生。

课后作业：

1. 运用课上讨论交流的收获，好好准备期末考试。

2. 你对本学期开设的"学习课"有哪些感受、想法、建议，希望老师来进一步帮助你解决哪些与学习有关的问题，请告诉老师。

资料袋：

考试通则

1. 不要早交卷。即使你已经竭尽自己所能答完所有能答的题，也不要早交卷。尽量让自己放松，再检查一遍自己所答的试卷，你会发现自己又想起来了一些知识，之前做不出来的题目现在能解了，或者查出了错误和疏漏之处。不过一定要确定无疑，才能更正答案。

2. 不要管别人在干什么。比如他们答哪道题了，他们什么时候交卷。把精力集中在自己的试卷上。

3. 看清题目要求。考试中最大的失误就是看错题。这样丢分是最冤枉的。

4. 仔细审题。答题要答到点子上，不要答非所问。

5. 合理预算时间，在分值高的题目上应花费更多的时间，考试过程中要注意时间监控。

6. 先易后难。考试过程中如果在某道题上卡壳了，应先做后面的，有时间回过头来再解决这个问题。先做容易的题能帮你在考试中不断树立信心。

后 记

2002 年开始，我师从俞国良教授在中国科学院心理研究所读书学习，在一种宽松、自由的学术氛围下接受严谨的学术研究训练，也是在此期间开始对元认知这一教育心理学中的前沿热点课题产生浓厚兴趣，并在俞国良教授的精心指导下展开一步步深入的研究至今，本书得以出版首先请允许我在此对恩师俞国良教授多年来对我的悉心指导和关爱表达诚挚的感激。

元认知问题研究既是一个理论课题也是一个应用课题，近几年来在不断地和一线教师接触和培训过程中，让我深切感受到它在教育实践中巨大的生命力，也成为我继续对该课题不断研究的动力。2006 年承担河北省教育科学研究十一五规划课题"学生学习困难的元认知分析与干预研究"，该课题致力于把理论研究推向学校教学实践，开发的元认知训练课程深受实验学校老师和学生的欢迎。2009 年我申报的全国教育科学规划教育部重点课题"学业不良儿童自我同一性状态、风格及心理救助问题研究"（DBA090291）得到批准。当然学业不良儿童自我的发展是该课题研究的重点，而通过元认知干预改善、提高学业不良儿童的学业成绩则应该是心理干预的重要目标，因此本书亦是该课题的重要研究成果之一。

感谢安徽教育出版社教育理论编辑部的杨多文编审及其他为本书出版付出心血的老师,他们远见卓识,推出这套教育心理学新进展丛书。在审批立项后,对我的工作方式给予极大的包容,使我有充足的时间对书稿进行调整和加工。

最后,书中许多地方借鉴国内外专家、学者的研究和观点,在此表示感谢。本书寡陋与不足之处,也恳请同行、读者批评指正!

张雅明

2011 年 11 月